交通能源融合发展战略

中国陆路交通基础设施资产能源化潜力研究

Energization Potential of Ground Transportation Infrastructure Assets in China

贾利民　师瑞峰　马　静　吉　莉　程　鹏　著

科学出版社

北　京

内 容 简 介

本书在《交通强国建设纲要》和“四个革命、一个合作”能源发展新战略的时代背景下，针对如何构建绿色、弹性、自洽和可持续发展的交通能源一体化系统的战略需求，对我国陆路交通系统能源化的自然禀赋布局与利用潜力、我国陆路交通可再生能源利用的模式、形态与路径等问题开展了系统的深入研究。本书全面分析和评估了我国公路、铁路两大陆路交通系统的潜在太阳能发电可装机容量、发电量以及能耗情况，测算了两大交通系统实现用能自洽的潜力与可行性；在此基础上，阐述了公路系统、铁路系统资产能源化的各种潜在应用模式及对应的解决方案。

本书适合能源、交通领域专家学者、教师、研究生与工程技术人员等阅读与参考。

图书在版编目(CIP)数据

中国陆路交通基础设施资产能源化潜力研究=Energization Potential of Ground Transportation Infrastructure Assets in China / 贾利民等著. —北京：科学出版社，2020.12

（交通能源融合发展战略）

ISBN 978-7-03-057452-7

Ⅰ. ①中… Ⅱ. ①贾… Ⅲ. ①新能源-应用-陆路运输-基础设施-资源潜力-研究-中国 Ⅳ. ①U4

中国版本图书馆CIP数据核字(2020)第184716号

责任编辑：范运年 王楠楠 / 责任校对：王萌萌
责任印制：赵 博 / 封面设计：蓝正设计

科学出版社 出版
北京东黄城根北街 16 号
邮政编码：100717
http://www.sciencep.com
北京建宏印刷有限公司印刷
科学出版社发行 各地新华书店经销
*
2020 年 12 月第 一 版 开本：720 × 1000 1/16
2025 年 2 月第三次印刷 印张：11 3/4
字数：240 000

定价：238.00 元

（如有印装质量问题，我社负责调换）

【研 究 团 队】

【顾　　问】

杨勇平　教授　校长

华北电力大学

严新平　教授　中国工程院院士

武汉理工大学

綦树立　党组成员　副主任

海南省发展和改革委员会

黎　津　处长

国家发展和改革委员会基础司能源处

檀勤良　教授　副校长

华北电力大学

【研究负责人】

贾利民　教授　院长　工学博士

华北电力大学国家能源交通融合发展研究院

北京交通大学轨道交通控制与安全国家重点实验室

马　静　教授　执行院长　工学博士

华北电力大学国家能源交通融合发展研究院

【主要研究成员】

师瑞峰　副教授　工学博士

华北电力大学控制与计算机工程学院

吉　莉　副研究员　工学博士

华北电力大学国家能源交通融合发展研究院

程　鹏　助理研究员　工学博士

华北电力大学国家能源交通融合发展研究院

张　充　副院长　工学博士

华北电力大学科学技术研究院

金成日　总经理　工学硕士

北京能高自动化技术股份有限公司

前　言

在习近平新时代中国特色社会主义思想指引下，党中央国务院立足国情、着眼全局、面向未来，于 2019 年 9 月提出了《交通强国建设纲要》（以下简称“纲要”），要提高交通领域的智能化、绿色化和共享化；构筑多层级、一体化的能源交通融合的综合交通枢纽体系；优化交通能源结构，推进可再生能源、清洁能源应用；促进公路货运节能减排，推动城市公共交通工具和城市物流配送车辆全部实现电动化、可再生能源化和清洁化。在这一目标的指引下，交通与可再生能源的一体化发展成为不可逆转的时代潮流，是关系到国家未来发展的战略布局，构建绿色、弹性、自洽和可持续发展的交通能源一体化系统已成为新时代建设美丽中国的必然路径！

作为两大战略性、全局性和基础性行业，交通与能源是经济社会发展的基础保障，直接决定经济发展质量、效率和可持续性；新时代背景下，为了有效地推进“四个革命、一个合作”能源安全新战略与交通强国战略，构建清洁低碳、安全高效的现代化交通能源体系，交通和能源行业将担当重大的历史使命，且其融合发展也对实现“两个一百年”奋斗目标和中华民族的伟大复兴具有重要意义。

面对资源紧缺、气候变化、环境污染带来的严峻挑战，推动能源与交通供给革命，促进产业转型与升级是应对各项挑战的根本途径。通过交通和能源行业的统一战略部署，推动能源消费革命，加强国际合作，对保障能源安全、维护经济稳定发展具有重要意义。加快能源与交通领域的技术革命和体制革命，优化能源与交通运营管理体系，实现能源与交通领域的追赶和创新，可以为我国经济发展注入全新的驱动力。

为探索交通能源融合发展之路，为我国交通能源绿色化发展提供根本依据、指明发展方向、规划发展路径，本书试图全景式地回答如下问题：

(1) 我国陆路交通系统能源化的自然禀赋布局与利用潜力。

(2) 我国陆路交通可再生能源利用的模式、形态与路径。

(3) 我国陆路交通网络与电力能源网的互动方式与模式。

(4) 我国陆路交通系统全局弹性导向的能源自洽效率与效能。

本书深入全面地分析与评估了我国交通系统通过深入开发自身潜力，最大限度地实现用能自洽的潜力与可行性；而后，针对道路交通和轨道交通两种规模最大、最典型的陆地交通方式，在明确交通运载体、交通基础设施和交通服务设施的能源化潜力基础上，结合我国可再生能源出力的地域分布特性、骨干电网的布局特性及交通网络自身特性，根据基础支撑技术的发展规律，提出了交通能源融合网建设创新模式集；并对采用新模式的交通可再生能源融合系统给出了目前和未来15年的用电自洽率、用能自洽率、可再生能源渗透率以及交通运输全过程的碳减排量等关键参数进行了详细的测算，试图为规划未来15年交通与可再生能源的融合创新发展进程指出明确方向和演进路径；着重探讨如何利用可再生能源，尤其是太阳能，实现陆路交通与可再生能源融合发展，从而探索构建绿色、弹性、自洽和可持续的交通能源系统的未来道路。持续的研究将覆盖水路交通、航空运输和其他各类交通方式。

作为国内外首次系统分析研究交通能源融合发展的首批研究成果，本书由统一但各有侧重的两卷组成，第一卷是对我国陆路交通系统资产能源化潜力的全面评估；第二卷通过对陆路交通系统的能源需求特性、电网系统的布局特点、可再生能源的出力特性进行时间和空间的融合研究，提出了陆路交通与可再生能源融合发展的形态、模式与解决方案集。

希望本书能帮助读者更深刻地理解能源转型、交通对能源的需求以及能源利用模式的转型，为绿色交通能源系统的构建提供具有丰富场景的交通能源系统解决方案参考集，为交通系统绿色可持续发展并支撑经济社会可持续发展找到切实可行、符合国情并具有普适意义的路径提供有益的帮助。本书数据来源主要是国家权威机构的统计数据、网络公开的权威数据以及国内外知名机构发表的学术论文等。本书相关研究得到了国家发展和改革委员会和中国工程院咨询项目支持。

由于本书涉及面广，交通能源融合发展研究尚处于发展初期，可以借鉴的系统性研究稀少，再加上研究者水平有限，不足之处在所难免，恳请广大读者斧正。

贾利民

2020年8月于北京

Preface

Guided by Xi Jinping's socialism with Chinese characteristics in new era and based on the national context, the overall landscape, and the Chinese Dream of national rejuvenation, the Outline on Building China's Strength in Transportation (hereinafter referred to as the Outline) was proposed by the Communist Party of China Central Committee and the state Council in September 2019. The Outline indicates that it is necessary to deeply improve the intelligence, green and cooperation of the transportation sector; build an architecture of comprehensive transportation hub with multi-level and integrated development of energy and transportation sectors; optimize the structure of transportation energy system by permeating more renewable energy and clean energy; boost the energy conservation and emission reduction of road freight; and promote the whole symphysis with electrification, renewable energy and clean energy of urban electric vehicles and urban logistics distribution vehicles. Therefore, it is clearly that the integrated development of transportation and renewable energy is an anti-reversion tide according to this blueprint, and is a strategic reform which related to the future development of China. Constructing a green, resilient, self-contained and sustainable integrated system of transportation and energy has been an inevitable process for building a Beautiful China in the new era.

Transportation and energy, as two strategic, comprehensive and fundamental sectors, are the basic guarantee of socio-economic development and determine the quality, efficiency and sustainability of economic development. In the context of the new era, the transportation and energy sectors are undertaking the historical mission for promoting "the four-evolution and one-cooperation" energy development new strategy and the Outline on Building China's Strength in Transportation strategy and further constructing modern energy system and transportation system featuring clean, low-carbon, safe and efficiency characteristics. The integrated development in these two sectors is of great importance in realizing the two centenary goals and the great rejuvenation of the Chinese nation.

Promoting the supply-side revolution in both energy and transportation fields and enhancing industrial transformation and upgradation have been already become the essential approach to solve severe challenges such as resource shortage, climate change and environmental pollution. The unified strategic deployment of transportation and energy sectors could not only promote the energy consumption revolution and strengthen the international cooperation, but also play a significant role in ensuring energy security and maintaining stable economic development. Accelerating the technological and structural reform, optimizing the operating management system and achieving progress and innovation in the field of energy and transportation can inject a new driving force into national economic development.

In order to explore integrated development path of transportation and energy, and further provide the fundamental basis, point out the development direction and lay out the development path for the green development of these two sectors, this book strives to answer the following questions comprehensively:

(1) The natural endowment distribution and utilization potential of the energization in Chinese ground transportation system;

(2) The utilization patterns, scenarios and paths of renewable energy in Chinese ground transportation system;

(3) The interaction modes and patterns of the national ground transportation network and power energy grid;

(4) The energy self-containment rate and efficiency of the resilience orientation in Chinese ground transportation system.

This book analyzes and assesses the feasibility and possibility of realizing the energy consumption self-containment maximally in Chinese ground transportation system through the deep-going development of its endowment. Furthermore, focusing on land and rail transport, which are the two largest and most typical ground transportation modes, clarifying the energization potential in-depth on transport carriers, transport infrastructure and transport service facilities, and considering the regional distribution characteristics of China's renewable energy output, distribution characteristics of backbone grid and construction characteristics of transport network, this book puts forward a set of innovation patterns for constructing the trans-energy network, and points out development directions and evolution paths clearly for innovated integration process in the next 15 years by using new patterns and calculating key parameters, including electricity consumption self-containment rate, energy consumption self-containment rate, renewable energy permeability and carbon emission reduction in a whole lifecycle of transportation in details at present and in the next 15 years; this book focuses on the integrated development of ground transportation and renewable energy through the utilization of renewable energy (mainly about photovoltaic resources), thus constructs the novel trans-energy system featuring green, resilient, self-contained and sustainable characteristics. Continuous research will cover other types of transport modes, containing water and air transport.

As the first batch of systematic analysis and research on transportation and energy integration development at home and abroad, this book is composed of two volumes which are unified but maintained different emphases. The first volume is a comprehensive assessment of energization potential of ground transportation infrastructure assets in China; the second volume puts forward the scenarios, patterns and solutions of the integrated development on ground transportation and renewable energy through the temporal-spatial research on energy demand characteristics of ground transportation system, distribution characteristics of power grid system and the output characteristics of renewable energy.

We sincerely hope that this book can contribute to understanding the energy transition, the energy demand on transportation sector and the energy utilization transition, thus provide references of the trans-energy system solution with various scenarios for constructing the green trans-energy system and be beneficial for figuring out practical, suitable and meaningful patterns by which the green and sustainable development of transportation system can support the socio-economic sustainable development. The data of this book are mainly from state authorities, authoritative data published on the Internet and academic papers published by well-known institutions at home and abroad. The studies concerned with this book were also supported by consulting projects from The National Development and Reform Commission of China and Chinese Academy of Engineering.

The research on the integrated development of transportation and energy is still in the early stage, there are few systematic studies that can be used for reference. Coupled with extensive research range, although this book has been revised in several times, careless omissions and errors are still inevitable. We earnestly request the experts' criticisms and pointing out our mistakes.

Jia Limin

Beijing, 2020.8.20

执 行 摘 要

截至 2018 年初，我国高速公路约 13.6 万 km，国道约 12.57 万 km，省道约 37.22 万 km；电气化铁路里程超过 9.2 万 km(高铁运营里程超过 2.9 万 km)，非电气化铁路 4.07 万 km。

由于我国交通运输行业的体量巨大，能源消耗总量和电能消耗数量庞大，而且消耗总量还在逐年递增[1]。预计到 2050 年，97%的客运铁路和 2/3 的货运铁路将依赖电力，燃油汽车将逐渐退出历史舞台！

本书分析的陆路交通系统主要包括公路系统和铁路系统。

本书评估的公路系统主要包括高速公路、国道和省道三大系统。截至 2018 年初，我国公路里程达 477.4 万 km，其中高速公路里程约 13.6 万 km，高速公路服务区数量约为 3000 对，其中 23 个省(区、市)的 885 对高速公路服务区(停车区)建有充电设施，充电站总数约 1710 座，其中投入运营 1572 座，充电桩数量为 6402 个。

我国高速公路网由 7 条首都放射线、11 条北南纵线、18 条东西横线，以及地区环线、并行线、联络线等组成，约 13.6 万 km。

我国国道路网包括重要的国际公路、国防公路，连接首都与各省、自治区首府和直辖市的公路，连接各大经济中心、港站枢纽、商品生产基地和战略要地的公路，总里程约 12.57 万 km。

我国省道路网是指具有全省性的政治、经济、国防意义，并经省(区、市)统一规划的省级干线公路，总里程约 37.22 万 km。

本书评估的铁路系统主要包括电气化铁路和非电气化铁路两大系统。截至 2018 年初，我国铁路网总里程约 13.27 万 km：电气化铁路里程超过 9.2 万 km，其中高铁总里程超过 2.9 万 km；非电气化铁路 4.07 万 km、车站数量为 5470 个(处)。目前，我国高铁运营里程占全球高铁运营里程的 2/3 以上，超过全球其他国家的运营里程总和。

我国高铁属于电气化铁路，《中长期铁路网规划(2008 年调整)》提出“四纵四横”客运专线，其相继建成投运；2016 年修订的《中长期铁路网规划》勾勒出“八纵八横”的宏伟蓝图。

本书分别按照保守场景测算、一般场景测算和乐观场景测算三种利用方式(不限于)对公路、铁路系统的新能源开发潜力进行评估。

对于公路系统，分别按照高速公路、国道、省道三大体系对其可开发潜力进行评估。

根据一般场景测算，我国高速公路的日可发电量最高达 142.76GW·h，年可发电量约为 25178GW·h。

根据乐观场景测算，我国高速公路的日可发电量最高达 1076.35GW·h，年可发电量约为 193674GW·h。

对于铁路系统，分别按照电气化铁路、非电气化铁路对其可开发潜力进行评估。

根据一般场景测算，我国高铁的日可发电量最高达 792GW·h，年可发电量约为 170316.3GW·h。

根据乐观场景测算，我国高铁的日可发电量最高达 871.2GW·h，年可发电量约为 274746.5GW·h。

对于非电气化铁路中的双线铁路：

若采用一般场景测算，我国非电气化铁路系统的太阳能日可发电潜力最高达 130.1GW·h，年可发电量约为 12820GW·h。

若采用乐观场景测算，我国非电气化铁路系统的太阳能日可发电潜力最高达 295.1GW·h，年可发电量约为 29087GW·h。

对于非电气化铁路中的单线铁路[以青藏铁路中格尔木至拉萨段(以下简称青藏铁路格-拉段)为例]：

若采用一般场景测算，青藏铁路格-拉段的太阳能日可发电量最高达 2951MW·h，年可发电量约为 767.3GW·h。

若采用乐观场景测算，青藏铁路格-拉段的太阳能日可发电量最高达 4992MW·h，年可发电量约为 1297.9GW·h。

根据我国高速公路一年四季辅助运行系统耗电，按照季节测算，我国高速公路系统日耗电量平均为 23271.2MW·h，全年累计耗电量为 8494GW·h。

我国高铁系统日均耗电量为 230GW·h，全年累计耗电量为 83950GW·h；非电气化铁路日均能耗为 13.87GW·h，全年总能耗为 5063GW·h。

我国高速公路系统按照一般场景测算，最大经时自洽率为 62.73%，最大总自洽率为 637.55%，最大电能时移率为 90.25%；而当采用乐观场景测算时，最大经时自洽率可达 66.81%，最大总自洽率可达 4667.76%，最大电能时移率可达 98.62%。因此，我国高速公路系统自然拥有的太阳能开发潜能远大于其自身的能耗需求，通过储能和并网外送的潜力十分巨大。

我国电气化铁路按照一般场景测算，最大经时自洽率为 56.00%，最大总自洽率为 284.84%，最大电能时移率为 81.78%；而当采用乐观场景测算时，最大经时自洽率可达 68.00%，最大总自洽率可达 379.89%，最大电能时移率可达 80.73%。因此，我国铁路系统自然拥有的太阳能开发潜能也远大于其自身能耗需求，通过储能和并网外送的潜力十分巨大。

我国陆路交通系统资产能源化开发潜力：

公路系统：乐观场景为725188GW·h；一般场景为56961GW·h。

铁路系统：乐观场景为305132GW·h；一般场景为183903GW·h。

我国陆路交通基础设施全年总发电潜力的乐观场景可开发量为1030319.5GW·h；一般场景可开发量为240864.3GW·h。

我国陆路交通系统年均电能消耗总量：

公路系统(除车辆能耗外)：8494GW·h。

铁路系统(除牵引系统外)：88874GW·h。

我国陆路交通系统整体能源开发的总自洽率：

铁路系统：乐观场景为343.33%；一般场景为206.93%。

公路系统：乐观场景为8537.65%；一般场景为670.60%。

Executive Summery

At the beginning of 2018, the total length of highway, national highway and provincial highway in China had reached 136000, 125700, 372200 kilometers, respectively; the operational mileage of the high-speed railway had hit 29000 kilometers; the total length of electrified railway had been more than 92000 kilometers, and the total length of non-electrified railway had reached 40700 kilometers.

The total volume of energy consumption and power consumption of the transportation sector in China are increasing dramatically during the past decade due to the large amount of transport activities. It is predicted that, by 2050, 97% of passenger and two-thirds of freight rail movements will be carried out by electrified rail, and fuel vehicles will gradually be replaced by electric or hydrogen vehicles.

The ground transportation system that analyzed in This book includes road system and railway system.

Highway, national highway and provincial highway constitute the road system which is assessed in This book. The total mileage of China's road network reached 4.774 million kilometers, of which 136000 kilometers were highway at the beginning of 2018. The number of the highway service areas in China has approached 3000 pairs up to now, in which 23 provinces have 885 pairs highway service areas which equipped with charging facilities. The total number of charging stations is about 1710, of which 1572 have already been put into operation, and the number of charging piles is 6402.

7 capital radiations, 11 vertical lines from north to south, 18 horizontal lines from east to west, district loop lines, parallel lines and linking-up roads comprise the highway network in China, the total length of which is 136000 kilometers.

The total mileage of the national highway network in China is up to 125700 kilometers, containing key international road, national defense road, the road that connecting the capital with provinces, autonomous regions and the capitals of municipalities, as well as the road that connecting the major economic centers, port and station hubs, commodity production bases and strategic positions.

The provincial highway network in China refers to the provincial trunk highway that planned by provinces, cities and autonomous regions, and the total mileage is around 372200 kilometers. In consideration of policy, economy and national defense fields, it's of great importance in those areas.

The railway system which evaluated in this book mainly covers the electrified and non-electrified railway. The total mileage of railway network is about 132700 kilometers, over 29000 kilometers of which are high-speed railway; the electrified and non-electrified railway mileage is 92000 kilometers and 40700 kilometers, respectively, with 5470 stations in 2018. China has surpassed the combined global volume of high-speed railway activities, with more than 2/3 of the global volume up to now!

Four-vertical and four-horizontal passenger railways were built and put into operation successively under the guidance of the Medium and Long-term Railway Network Plan which promulgated in 2008; eight-vertical and eight-horizontal patterns were pictured by the Medium and Long-term Railway Network Plan which amended in 2016.

Three utilization patterns (not limited to), including Conservative, Basic and Positive Scenario, have been investigated in This book to estimate the development potential of the renewable energy on both road and rail systems.

In this book, the road system of the ground transportation system and its exploitable potential are assessed in three aspects, namely, highway, national highway and provincial highway.

The daily power generation potential of China's highway can up to 142.76 GW · h, and the annual power generation potential is about 25178 GW · h in Basic Scenario.

The daily power generation potential of China's highway can up to 1076.35 GW · h, and the annual power generation potential is about 193674 GW · h in Positive Scenario.

This book assesses the development potential of the railway system in two aspects, that are, electrified railway and non-electrified railway.

The daily power generation potential of China's high-speed railway can up to 792 GW · h, and the annual power generation potential is about 170316.3 GW · h in Basic Scenario.

The daily power generation potential of China's high-speed railway can hit 871.2 GW · h, and the annual power generation potential is about 274746.5 GW · h according to the Positive Scenario.

As for the double-track railway of the non-electrified railway, its daily solar power generation potential will hit 130.1 GW · h, and the annual power generation potential is about 12820 GW · h in Basic Scenario; the daily solar power generation potential of the non-electrified railway in China can be as high as 295.1 GW · h, and the annual power generation is about 29087 GW · h in Positive Scenario.

For the single-track railway of the non-electrified railway (taking the Gela railway of Qinghai-Tibet railway as an example), the daily solar power generation potential of Gela railway can up to 2951 MW · h and the annual power generation potential approaches 767.3 GW · h in Basic Scenario; the daily solar power generation potential of Gela railway can up to 4992 MW · h and the annual power generation potential approaches 1297.9 GW · h in Positive Scenario.

In terms of the power consumption of auxiliary operation system of China's highway at all seasons, when measuring in a seasonal pattern, the average daily power consumption of China's highway system reaches 23271.2 MW · h and the total annual power consumption hits 8494 GW · h.

The average daily power consumption of China's high-speed railway system reaches 230 GW · h and the total annual power consumption reaches 83950 GW · h. The average daily power consumption of the non-electrified railway is 13.87 GW · h and the total annual power consumption approaches 5063 GW · h.

The maximum transient self-containment rate, maximum total self-containment rate and maximum power-shift rate of China's highway system in Basic Scenario is 62.73%, 637.55%, 90.25%, respectively; while the corresponding rates of China's highway system in Positive Scenario is up to 66.81%, 4667.76%, 98.62%, respectively. It is obvious that the solar power generation potential of China's highway system is far huger than its power consumption, and has giant potential for power storage and grid-connected power delivery.

The maximum transient self-containment rate, maximum total self-containment rate and maximum power-shift rate of China's high-speed railway system in Basic Scenario is 56.00%, 284.84%, 81.78%, respectively; while the corresponding rates of China's high-speed railway system in Positive Scenario is 68.00%, 379.89%, 80.73%, respectively. What we can see from these results, the solar power development potential of China's high-speed railway system is far larger than its power consumption, and the potential in power storage and grid-connected power delivery are also immense.

The energization development potential of the ground transportation system assets in China:

Road system: The positive development potential is 725188 GW · h; the basic development potential is 56961 GW · h.

Railway system: The positive development potential is 305132 GW · h; the basic development potential is 183903 GW · h.

The total annual power generation potential of China's ground transportation infrastructure in Positive Scenario and Conservative Scenario is 1030319.5 GW · h and 240864.3 GW · h, respectively.

The total annual average power consumption of the ground transportation system in China:

Road system (without vehicles energy consumption): 8494 GW · h.

Railway system (without traction system): 88874 GW · h.

Total self-containment rate on overall energy development of the ground transportation system in China:

Railway system: The ratio in Positive Scenario is 343.33%; the ratio in Basic Scenario is 206.93%.

Road system: The ratio in Positive Scenario is 8537.65%; the ratio in Basic Scenario is 670.60%.

符号说明

符号	含义
L	隧道长度
N	设计交通流量
V	设计车速
QA	明路面(如水泥混凝土)的年能耗
QB	暗路面(如沥青混凝土)的年能耗
Q	一天总耗电量
$q_{1,\mathrm{wind}}$	隧道通风的一天总耗电量
$w_{\mathrm{d},i}$	第 i 个风机的功率
t_i	第 i 个风机工作的时间
n_1	高速公路的车辆检测器数量
$w_{\mathrm{c},i}$	第 i 个车辆检测器功率
m	高速公路的紧急电话数量
$w_{\mathrm{t},j}$	第 j 个紧急电话功率
P_{E}	实际装机容量
S_{E}	实际可利用面积
S	建设 10MW 光伏发电站的用地面积
p_d	日可发电量
P	年可发电量
p_t	发电功率

续表

符号	含义
η	经时自洽率
μ	总自洽率
Q_1	可实现完全自主、即发即用、自给供电的电量
Q_2	该线路典型日的总耗电量
Q_3	该线路在典型日利用光伏设备可提供的最大发电量
γ	电能时移率
γ_{max}	最大电能时移率
$Q'_{3,\mathrm{used}}$	通过储能设备或并网外送等方式实现电能时间、空间转移的实际 Q'_3 部分的电量
G	该条线路安装光伏设备后的日均收益
G_1	该条线路光伏设备节省的日耗电费用
G_2	该条线路安装的光伏设备发电向电网售电获得的收益
$p_{\mathrm{c},t}$	该条线路在时刻 t 的耗电量
$\mathrm{price}_{\mathrm{c},t}$	该条线路在时刻 t 的一般工商业峰谷电价
$\mathrm{price}_{\mathrm{s}}$	该条线路光伏设备发电的上网电价
C_{n}	该条线路的日均发电成本
P_{n}	该条线路铺设光伏设备的投资成本
$\mathrm{price}_{\mathrm{n}}$	该条线路铺设光伏设备的单位装机容量投资成本

目　录

图 目 录

表 目 录

第1章 绪　论

1.1 研究背景、目的与意义

1.1.1 研究背景

1. 交通能源领域的发展现状

在我国960多万平方千米的广袤领土上，纵横交错地分布着各种交通路网，这些交通基础设施为14亿中国人民提供了日常生产与生活必需的交通出行和运输服务。

自中华人民共和国成立至今，我国的交通基础设施建设取得了举世瞩目的成就。以高铁、高速公路为代表的一系列现代化交通基础设施和先进载运工具为我国经济快速发展提供了基础保障。以习近平同志为核心的党中央立足国情、着眼全局、面向未来，在习近平新时代中国特色社会主义思想指引下，适时提出了“纲要”[2]，要提高交通领域的智能化、绿色化和共享化；构筑多层级、一体化的综合交通枢纽体系；优化交通能源结构，推进新能源、清洁能源应用，促进公路货运节能减排，推动城市公共交通工具和城市物流配送车辆全部实现电动化、新能源化和清洁化。

与此同时，我国能源生产和消费保障条件也得到了极大改善，形成了完整的煤炭、电力、石油、天然气、新能源、可再生能源全面发展的能源供给体系，技术装备水平明显提高。早在2014年，习近平同志就提出了能源安全领域的“四个革命、一个合作”的战略布局[3]，要求进一步推动能源的消费革命、供给革命、技术革命和体制革命，全方位加强国际合作。充分利用太阳能等新能源建立多元化能源供应体系。

推进我国交通能源融合发展不仅是交通强国战略的重要组成部分，也是对“四个革命、一个合作”的根本遵循，更体现了技术创新、产业融合、协同发展促进能源供给侧与交通运输体系绿色化变革的大趋势和历史必然。

2. 交通能源融合发展的能源供给侧基础

党的十九大开启了实现中华民族伟大复兴的新征程。在习近平总书记提出的

“一带一路”倡议和中华民族伟大复兴“中国梦”的共同引领下，我国科技与产业领域，特别是能源、交通领域取得历史性成就，新能源发展速度和规模在全球领先，复兴号高速列车迈出我国高铁从追赶到领跑的关键一步，新能源汽车跻身世界前列，这些成就不仅极大地改善了我国交通能源结构，也为我国发展模式的转型升级和保障国家总体安全带来了前所未有的可能性。

2018 年，我国电力供需情况总体较为宽松[4]。2018 年，全社会用电量 6844900GW·h，同比增长 8.5%，比上年提高 1.9 个百分点；全口径发电量 6994000GW·h，同比增长 8.4%，比上年提高 1.8 个百分点。

总发电量中，水电发电量 1232900GW·h，同比增长 3.2%；火电发电量 4923100GW·h，同比增长 7.3%；核电发电量 294400GW·h，同比增长 18.6%；风电发电量 366000GW·h，同比增长 20.2%；太阳能发电量 177500GW·h，同比增长 50.8%。

截至 2018 年底，我国全口径发电装机容量 18994800GW，同比增长 6.5%。其中，水电发电装机容量 3522600GW，同比增长 2.5%；火电发电装机容量 11436700GW，同比增长 3.0%；核电发电装机容量 446600GW，同比增长 24.7%；风电发电装机容量 1842600GW，同比增长 12.4%；太阳能发电装机容量 1746300GW，同比增长 33.9%。基建新增发电装机容量 1243900GW，同比下降 4.6%。

由于我国交通运输行业的体量巨大，能源消耗总量和电能消耗数量庞大，而且消耗总量还在逐年递增[1]（根据 2007～2018 年的《中国统计年鉴》绘制出的交通运输业能源消耗曲线如图 1.1 所示，电能消耗曲线如图 1.2 所示）。预计到

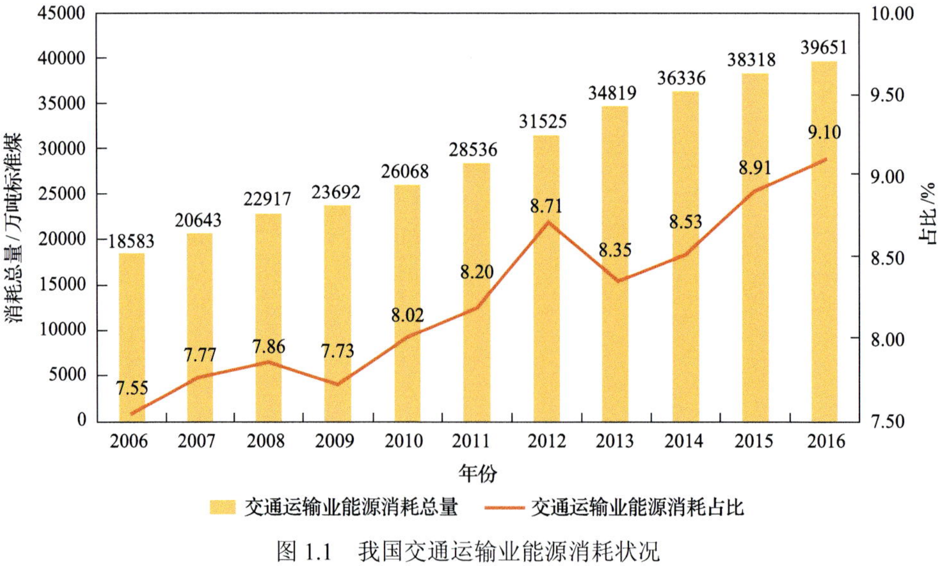

图 1.1　我国交通运输业能源消耗状况

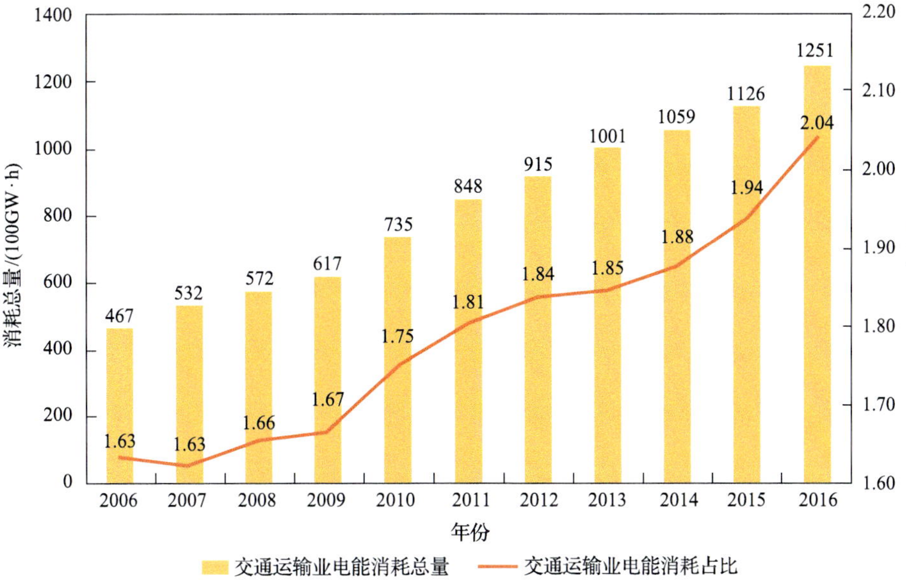

图 1.2 我国交通运输业电能消耗趋势

2050 年，97%的客运铁路和 2/3 的货运铁路将依赖电力，燃油汽车也将逐渐退出历史舞台。

2016 年，我国交通运输、仓储和邮政业能源消费总量为 39651.21 万 t 标准煤，煤炭消费量为 403.86 万 t，焦炭消费量为 3.21 万 t，原油消费量为 22.34 万 t，汽油消费量为 5511.15 万 t，煤油消费量为 2814.94 万 t，柴油消费量为 11068.48 万 t，燃料油消费量为 1511.38 万 t，天然气消费量为 254.77 亿 m^3，电力消费量为 125149GW·h[1]。

3. 交通能源融合发展的现实需求

尽管我国现在已开发了一定数量的可再生能源，但主要开发项目集中在我国西部、北部区域，而且输电走廊与输电能力的限制造成了明显的弃风、弃光现象和资源浪费。与此同时，在人口密集、用能集中的广大中部、东部地区，由于工业、商业、服务业等经济产业的需求，能源供给比较紧张。

一直以来，交通系统用能在国民经济体系中占据重要的比例，并且其石油消耗更是占到全国石油消耗总量的 66%。我国 2018 年石油进口量达 4.62 亿 t，成为世界最大的石油进口国，不仅花费了大量的外汇储备，而且给国家能源安全和经济安全带来了巨大隐患，使我国抵御国际经济、政治风险的能力下降。同时，我国交通系统正在进行一场交通工具电动化的划时代革命，电动汽车的数量在 2018

年底已达 261 万辆[5]；在我国辽阔的国土面积上，交通系统(路网)本身拥有广阔的专属面积，处于良好的风、光资源分布区域，因此，将交通工具电动化的大势与交通基础设施资产能源化的巨大潜力相结合，必将引领新的商业模式，推动我国以交通能源融合为重要驱动力的内向型经济快速发展。

根据测算，我国公路系统上行驶的各类车辆每年消耗燃油折算成电量约为 3803353GW·h①。截至 2018 年底，我国拥有新能源汽车 261 万辆(其中，纯电动汽车 211 万辆)；2019 年，我国汽车总保有量为 2.6 亿辆，新能源汽车保有量 381 万辆(其中，纯电动汽车 310 万辆)。新能源汽车占比呈快速增加态势[6]。

我国公路系统车辆年耗电量折算结果如表 1.1 所示[7]。

表 1.1　公路系统车辆年耗电量折算表

车型	载客汽车				载货汽车				其他	合计
	大型	中型	小型	微型	大型	中型	小型	微型		
车辆拥有量/万辆	152.94	78.95	18038.69	198.96	635.41	130.68	1566.3	6.46	98.28	20906.67
年均行驶里程/百公里	200	200	150	200	250	250	250	250	150	1900
平均油耗/(L/百公里)	20.0	15.0	9.2	9.2	27.6	27.6	27.6	27.6	16.8	180.6
年均油耗总量/万 L	611760	236850	24893392	366086	4384329	901692	10807470	44574	247665	42493818
折算成标准煤/万 t 标准煤	672.95	260.54	27382.73	402.70	4822.76	991.86	11888.22	49.03	272.43	46743.22
折算成电量/(100GW·h)	547.55	211.99	22280.50	327.66	3924.13	807.05	9673.08	39.90	221.67	38033.53

2019 年，我国新能源汽车市场渗透率为 4.59%，合计耗电 174574GW·h。根据《新能源汽车产业发展规划(2021—2035 年)》(征求意见稿)，我国 2025 年新能源汽车销量预计占汽车总销量的 25%[8]。汽车保有量上限可达 3.9 亿辆，在 2025～2030 年达到高峰值[9]。以我国 2025 年新能源汽车渗透率为 25%测算，届时新能源汽车保有量有望实现 0.975 亿辆，每年耗电量将达 1774291GW·h。因此，未来

① 本书中，载货汽车按车辆最大厂定总质量(maximum gross authorized total mass, GA)划分为四种：微型货车(GA≤1.8t)；轻型货车(1.8t＜GA≤6.0t)；中型货车(6.0t＜GA≤14.0t)；重型货车(GA＞14.0t)，客车依车长(L)划分为五种：微型(L≤3.5m)；轻型(3.5m＜L≤7.0m)；中型(7.0m＜L≤10.0m)；大型(10.0m＜L≤12.0m)和特大型(L＞12.0m)。

由陆路交通载运工具电动化带来的电能需求非常巨大。

1.1.2 目的与意义

“十二五”以来，我国能源、交通领域的科技进步日新月异，颠覆性技术正在大量涌现，智慧能源和智能交通正在深刻地改变着人们的生活。作为能源需求侧的交通行业，其用能结构、能源供给方式与服务模式等方面的颠覆式变革，必然促进作为供给侧的能源电力行业从技术和管理等方面进行适应与变革。能源与交通两大领域的融合不仅成为一种必然趋势，而且正在改变着人类社会经济图景。

及时研究并预见能源与交通领域融合的模式、形态和布局，及时规划相关科技创新的任务和路径，对提升能源和交通两大领域乃至我国科技进步整体水平、实现产业转型升级、满足国家战略需求、促进“一带一路”倡议的有效落实具有重大意义。

本书通过分析我国现阶段交通能源系统存在的问题，并判断宏观形势等诸因素的共同作用，为能源清洁化、交通电动化及二者融合发展提供了契机。

(1) 我国交通系统整体能源的自给率不高，石油进口依赖度非常高，交通系统用能的自洽率极低。

(2) 交通系统载运工具电动化已成为不可逆转的潮流，以清洁电能代替传统化石能源是发展趋势。

(3) 我国拥有得天独厚的太阳能、风能等可再生自然资源禀赋，但交通系统开发和利用可再生能源的程度仍然非常低。

(4) 我国电力系统，特别是电网系统的鲁棒性、可靠性、恢复性及抗毁性还有待提高；能源供给方式仍然以集中式供能为主。

(5) 我国交通系统基础设施的综合利用率很低；尚未开展交通与能源的一体化协同规划和示范应用，融合发展的模式、形态有待探索。

(6) 基于应用需求驱动的交通能源互相支撑场景逐步清晰，能源与交通融合发展的适应性问题亟待解决。

鉴于此，有必要对我国现有的交通基础设施拥有的新能源开发潜力进行摸底、评估。本书基于上述交通能源清洁化新形势，对我国现有交通基础设施固定资产所拥有的新能源(特别是太阳能)发电潜力进行评估，旨在分析与评估我国交通系统通过深入开发自身潜力，最大限度地实现用能自洽的潜力与可行性，为后续的相关宏观政策、产业政策、示范应用提供决策依据。

1.2 国外研究与应用现状

现有公开资料表明，一些发达国家已经预先开展了太阳能资源与道路设施相结合的研究与示范应用。

1) 荷兰

2014 年，荷兰[10]北部城市克罗默尼建立了世界上首条太阳能电池板道路，如图 1.3 所示。经过六个月的试验，该系统实现了优于预期的效果。

图 1.3 太阳能电池板自行车通道

该道路是自行车道，总长度约为 70m。它在水泥板里嵌入了晶体硅太阳能电池板，可将太阳能转化成电能，并输送给电网，为街灯、交通信号灯或附近民宅供电。据称，这条 70m 长的太阳能电池板道路每年发电量为 3000kW·h，足够一户家庭的全年用电。

2) 法国

法国 TourouVRe-au-Perche 地区北部的一个小镇上建设了一条可以利用太阳能发电的公路，当地人将这条路命名为瓦特路(Wattway)。

据称，瓦特路是全球第一条具备太阳能发电能力的公路，全长大约 1km，由 2880 块太阳能光伏电池板铺设而成，每年的发电总量可以达到 280MW·h，投资约 510 万美元。根据设计，这些电量可供整个小镇 3400 位居民的夜间街道照明。

不过，由于受到天气和季节的影响，这条公路的发电功率可能存在一定的波动。设计人员预计，这条公路的平均发电量约为每天 767kW·h，但是夏天阳光照射强烈时，则可以达到每天 1500kW·h。根据测算，每天大约会有 2000 辆汽车通过这段太阳能道路，如图 1.4 所示。

图 1.4　法国太阳能道路

3) 美国

美国[11]太阳能道路(solar roadway)由相互咬合的六边形钢化玻璃面板铺设而成，玻璃面板中嵌有太阳能电池板，能利用太阳能发电。每块太阳能电池板最底层使用的都是回收塑料颗粒，绿色环保。其结构如图 1.5 所示。

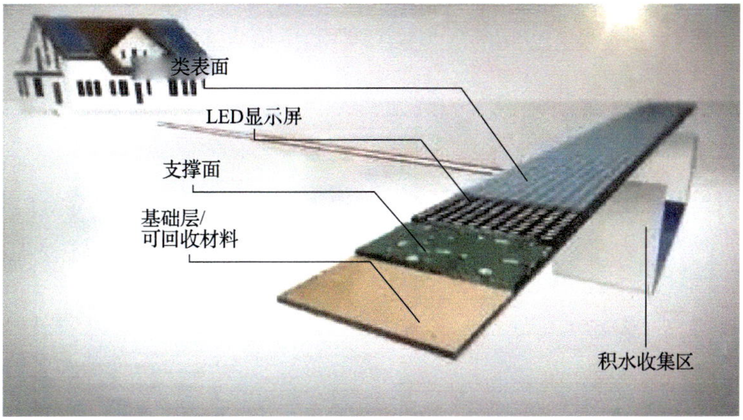

图 1.5　太阳能电池板结构图

每个六边形的钢化玻璃从上往下依次分为以下层次。

第一层：钢化玻璃。

第二层：LED 发光指示灯层。

第三层：电路层。

第四层：用可循环利用材料组成的基础地基层。

第五层：泄洪与蓄水层。

该道路的优点在于可以利用太阳能发电。经测算，只要全美国 1/3 的道路改为太阳能道路，就可以完全满足整个美国的用电需求。

除供电外，该太阳能道路还可提供路面指示灯系统。所有的交通信息都会由该系统直接显示在路面上，如图 1.6 所示。

图 1.6　美国太阳能道路

该道路可以积累大量的电能，还可快速融化积雪，保证冰雪天气下道路畅通，大幅降低冰雪天气下的交通事故率。

此外，该系统还可给在其上行驶和停泊的电动汽车提供无线磁感应充电，相当于汽车行驶在一个连绵不断的无线充电器之上。

4) 波兰

位于波兰[12]普鲁什库夫市的自行车道使用了发光体材料，白天它充分吸收太阳能，到了夜晚能持续发光 10h，让骑行的人沐浴在令人安宁的蓝色光线里，如图 1.7 所示。

图 1.7　波兰太阳能自行车道

5)瑞典

2018 年 4 月 11 日，世界上第一条电气化道路——eRoadArlanda 在瑞典斯德哥尔摩开通，该道路能够给行驶中的电动汽车充电，如图 1.8、图 1.9 所示。

图 1.8 行驶途中车辆充电的应用模式

图 1.9 可充电道路示意图

该道路连接斯德哥尔摩阿兰达机场货运站和鲁瑟什贝格物流区，道路长 2km，由许多节 50m 的独立路段构成，只给在该节路段上行驶的车辆充电。通过车辆底部连接的移动臂，将电能从道路的两条轨道传向车辆电池。

这种充电公路的建造成本约为每公里 780 万元。据世界银行估计，充电公路成本是同等距离的有轨电车高架轨道的 1/50，所以充电公路拥有非常广阔的应用前景。

此外，据德国媒体报道，这项技术安全性很高；该项目负责人 Hans Säll 称，导电结构位于路面以下 6cm 处，路面没有电，即使洒上盐水，路面电压也只有 1V，赤脚在路面行走也没有问题。

上述案例表明，将新能源与交通基础设施进行有机融合早已不是构想，已进入了人们的视野，体现了能源与交通融合发展的大趋势。

1.3 研究内容和技术路线

1.3.1 研究内容

1) 我国陆路交通基础设施风、光资源分布分析

根据公开资料，对我国现有陆路交通网络的基础设施布局状况及陆路交通基础设施所在地区的风、光资源状况进行分析，并在二者的基础上，编制陆路交通基础设施与光资源叠加的联合分布图。

2) 我国陆路交通系统用能评估

根据公开资料，对我国现有陆路交通系统用能状况进行分析，并结合陆路交通网络的基础设施布局状况，测算陆路交通系统用能的时空分布情况。

3) 我国陆路交通系统路网新能源开发潜力评估

结合相关资料，对陆路交通基础设施拥有的新能源资源量进行估算，对陆路交通系统年运行耗电总量进行估算，在此基础上完成对陆路交通系统能源需求自洽率的评估。

本书涉及的评估内容如图 1.10 所示。

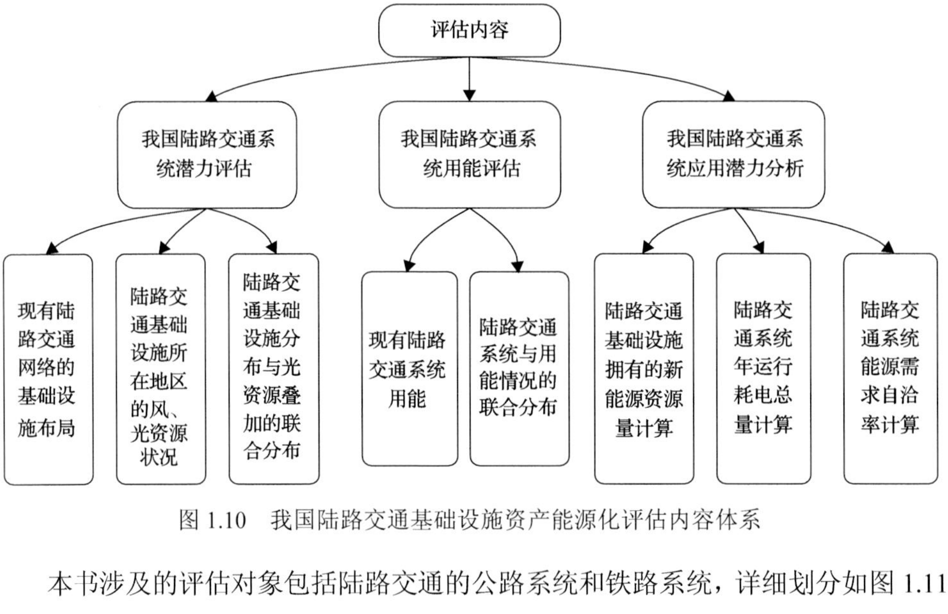

图 1.10 我国陆路交通基础设施资产能源化评估内容体系

本书涉及的评估对象包括陆路交通的公路系统和铁路系统，详细划分如图 1.11 所示。

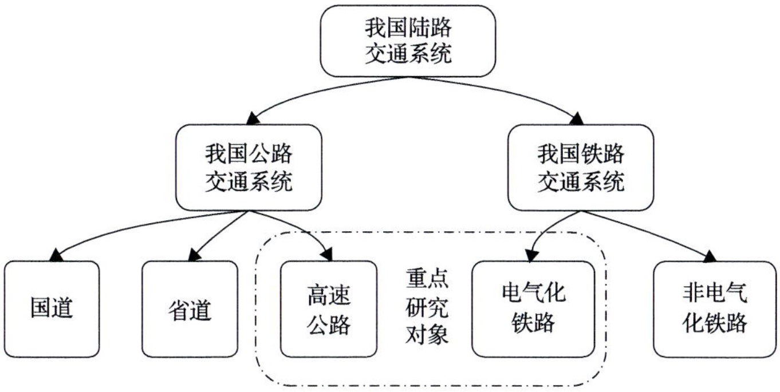

图 1.11　陆路交通资产能源化评估对象

1.3.2　技术路线

我国陆路交通系统资产能源化评估技术路线图如图 1.12 所示。

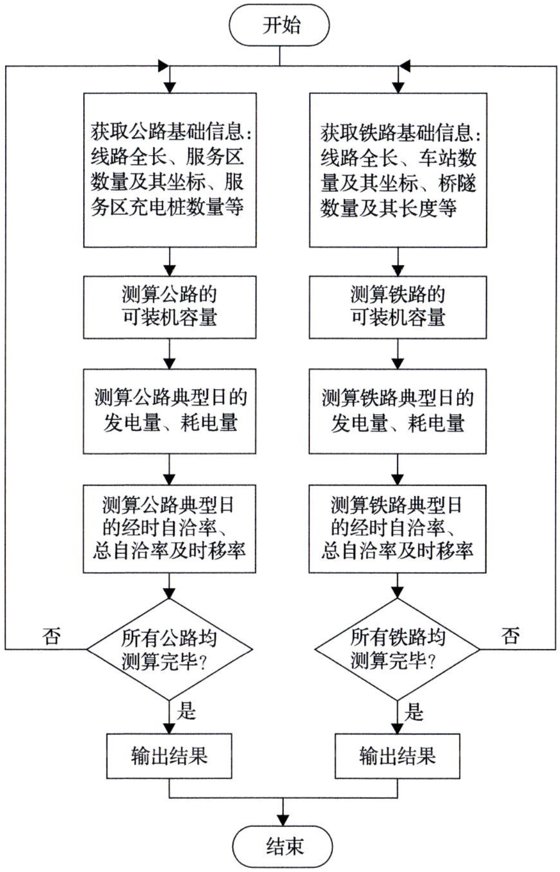

图 1.12　我国陆路交通系统资产能源化评估技术路线

第 2 章　我国陆路交通基础设施资产能源化潜力概况

我国目前已形成覆盖广袤国土的以公路网和铁路网为主的规模庞大的陆路交通系统和配套设施①。截至 2018 年初，我国公路里程达 477.4 万 km，其中高速公路里程为 13.6 万 km。我国高速公路服务区数量约为 3000 对[13]，其中 23 个省(区、市)的 885 对高速公路服务区(停车区)建有充电设施，充电站总数约 1710 座，其中投入运营 1572 座，充电桩数量为 6402 个[14]。我国铁路网总里程约为 13.27 万 km[15]，其中高铁总里程超过 2.9 万 km[16]；电气化铁路里程 9.2 万 km；非电化区段里程 4.07 万 km、车站数量 5470 个[17]。截至 2018 年底，我国高铁运营里程占全球高铁运营里程的 2/3 以上，超过全球其他国家的运营里程总和。

与上述交通网空间布局相对应的是我国丰度各有差异的可再生能源自然禀赋，如何利用交通系统基础设施承载的可再生能源自然禀赋，开展交通系统能源自洽的清洁能源生产和利用，为交通系统绿色化和交通能源系统弹性化提供现实可行的技术途径，是交通能源融合发展的重要的基础性工作。

本章分别针对公路、铁路系统开展基础情况分析、路网与风光资源分布分析，以及交通系统与光资源联合分布情况分析，为后续测算交通系统用能情况、交通系统资产能源化潜力分析奠定基础。

2.1　我国现有陆路交通网络的基础设施布局状况

2.1.1　我国公路系统交通基础设施布局状况

1. 我国公路系统的范围界定、发展简况及整体现状

由《国家公路网规划(2013—2030 年)》可知，国家高速公路网由 7 条首都放射线、11 条北南纵线、18 条东西横线，以及地区环线、并行线、联络线等组成。

国家高速公路网编号由字母标识符和阿拉伯数字组成。路线字母标识符采用“G”表示。

---

① 本书分析的陆路交通系统主要包括公路系统和铁路系统。

首都放射线编号为 1 位数，由正北开始按顺时针方向升序编排，编号区间为 1～9。纵向路线编号为两位奇数，由东向西升序编排，编号区间为 11～89。横向路线编号为两位偶数，由北向南升序编排，编号为 10～90。并行路线的编号采用主线编号后加英文字母“E”“W”“S”“N”组合表示。“E”“W”“S”“N”分别表示并行路线在主线的东、西、南、北方位。地区环线的编号按照由北向南的顺序排列，编号区间为 91～99。联络线的编号为 4 位数，由主线编号+数字“1”+联络线顺序号组成。联络线的顺序号按照主线的前进方向由起点向终点顺序排列。城市绕城环线的编号为 4 位数，由主线编号+数字“0”+城市绕城环线顺序号组成。主线编号为该环线所连接的纵线和横线中编号最小者，如果该主线所带城市绕城环线编号空间已全部使用，则选用主线编号次小者，以此类推。如果该环线仅有放射线连接，则在 1 位数主线编号前以“0”补位。同一条国家高速公路穿越多个省(区、市)时，所连接的城市绕城环线的顺序在各个省(区、市)单独排列。在不同省(区、市)允许出现相同的城市绕城环线编号。

本书主要研究对象是首都放射线、北南纵线、东西横线及地区环线，具体信息如表 2.1 所示(“—”表示本书撰写时尚未获得确切数据)[18]。

表 2.1 全国高速公路列表

编号	类型	名称	沿途地区	全长/km
G1	首都放射线	京哈高速	北京、唐山、秦皇岛、锦州、沈阳、四平、长春、哈尔滨	1280
G2		京沪高速	北京、天津、沧州、乐陵、济南、莱芜、新泰、临沂、淮安、江都、江阴、无锡、苏州、上海	1245
G3		京台高速	北京、天津、沧州、德州、济南、泰安、曲阜、徐州、蚌埠、合肥、铜陵、黄山、衢州、南平、福州、台北	2030
G4		京港澳高速	北京、保定、石家庄、邯郸、安阳、新乡、郑州、漯河、信阳、武汉、咸宁、岳阳、长沙、株洲、衡阳、郴州、韶关、广州、深圳、香港	2285
G5		京昆高速	北京、保定、石家庄、阳泉、太原、临汾、西安、汉中、广元、绵阳、德阳、成都、雅安、西昌、攀枝花、昆明	2865
G6		京藏高速	北京、张家口、集宁、呼和浩特、包头、临河、乌海、银川、中宁、白银、兰州、西宁、格尔木、拉萨	3710
G7		京新高速	北京、张家口、集宁、呼和浩特、包头、临河、额济纳旗、哈密、吐鲁番、乌鲁木齐	2540
G11	北南纵线	鹤大高速	鹤岗、佳木斯、鸡西、牡丹江、敦化、通化、丹东、大连	1390
G15		沈海高速	沈阳、辽阳、鞍山、海城、大连、烟台、青岛、日照、连云港、盐城、南通、常熟、太仓、上海、宁波、台州、温州、宁德、福州、泉州、厦门、汕头、汕尾、深圳、广州、佛山、开平、阳江、茂名、湛江、海口	3710

续表

编号	类型	名称	沿途地区	全长/km
G25	北南纵线	长深高速	长春、双辽、阜新、朝阳、承德、唐山、天津、黄骅、滨州、青州、临沂、连云港、淮安、南京、溧阳、宜兴、湖州、杭州、金华、丽水、南平、三明、龙岩、梅州、河源、惠州、深圳	3580
G35		济广高速	济南、菏泽、商丘、阜阳、六安、安庆、景德镇、鹰潭、南城、瑞金、河源、惠州、广州	2110
G45		大广高速	大庆、松原、双辽、通辽、赤峰、承德、北京、霸州、衡水、濮阳、开封、周口、麻城、黄石、吉安、赣州、龙南、连平、从化、广州	3550
G55		二广高速	二连浩特、集宁、大同、太原、长治、晋城、洛阳、平顶山、南阳、襄阳、荆州、常德、娄底、邵阳、永州、连州、怀集、三水、广州	2685
G59		呼北高速	呼和浩特、和林格尔、右玉、朔州、岢岚、吕梁、吉县、运城、灵宝、卢氏、十堰、房县、保康、宜昌、慈利、张家界、新化、武冈、新宁、资源、荔浦、平南、玉林、北海	2628
G65		包茂高速	包头、鄂尔多斯、榆林、延安、铜川、西安、安康、达州、重庆、黔江、吉首、怀化、桂林、梧州、茂名	3130
G69		银百高速	银川、惠安堡、庆城、旬邑、西安、安康、岚皋、城口、万州、忠县、涪陵、南川、道真、瓮安、贵阳、罗甸、乐业、百色、靖西、龙邦	2281
G75		兰海高速	兰州、广元、南充、重庆、遵义、贵阳、麻江、都匀、河池、南宁、钦州、北海、湛江、海口	2570
G85		银昆高速	银川、惠安堡、彭阳、平凉、华亭、宝鸡、留坝、汉中、巴中、广安、重庆、内江、宜宾、昭通、昆明	2322
G10	东西横线	绥满高速	绥芬河、牡丹江、哈尔滨、大庆、齐齐哈尔、阿荣旗、满洲里	1520
G12		珲乌高速	珲春(口岸)、敦化、吉林、长春、松原、白城、乌兰浩特	885
G16		丹锡高速	丹东、海城、盘锦、锦州、朝阳、赤峰、锡林浩特	960
G18		荣乌高速	荣成、文登、威海、烟台、东营、黄骅、天津、霸州、涞源、朔州、鄂尔多斯、乌海	1820
G20		青银高速	青岛、潍坊、淄博、济南、石家庄、太原、离石、靖边、定边、银川	1600
G22		青兰高速	青岛、莱芜、泰安、聊城、邯郸、长治、临汾、富县、庆阳、平凉、定西、兰州	1795
G30		连霍高速	连云港、徐州、商丘、开封、郑州、洛阳、西安、宝鸡、天水、兰州、武威、嘉峪关、哈密、吐鲁番、乌鲁木齐、奎屯、霍尔果斯	4280
G36		宁洛高速	南京、蚌埠、阜阳、周口、漯河、平顶山、洛阳	712
G40		沪陕高速	上海、崇明、南通、泰州、扬州、南京、合肥、六安、信阳、南阳、商州、西安	1490
G42		沪蓉高速	上海、苏州、无锡、常州、南京、合肥、六安、麻城、武汉、孝感、荆门、宜昌、万州、垫江、南充、遂宁、成都	1960

续表

编号	类型	名称	沿途地区	全长/km
G50	东西横线	沪渝高速	上海、湖州、宣城、芜湖、铜陵、安庆、黄梅、黄石、武汉、荆州、宜昌、恩施、忠县、垫江、重庆	1900
G56		杭瑞高速	杭州、黄山、景德镇、九江、咸宁、岳阳、常德、吉首、遵义、毕节、六盘水、曲靖、昆明、楚雄、大理、保山、瑞丽	3405
G60		沪昆高速	上海、杭州、金华、衢州、上饶、鹰潭、南昌、宜春、株洲、湘潭、邵阳、怀化、麻江、贵阳、安顺、曲靖、昆明	2370
G70		福银高速	福州、南平、南城、南昌、九江、黄梅、黄石、武汉、孝感、襄阳、十堰、商州、西安、平凉、中宁、银川	2485
G72		泉南高速	泉州、永安、吉安、衡阳、永州、桂林、柳州、南宁	1635
G76		厦蓉高速	厦门、漳州、龙岩、瑞金、赣州、郴州、桂林、都匀、贵阳、毕节、泸州、隆昌、内江、成都	2295
G78		汕昆高速	汕头、梅州、连平、翁源、英德、怀集、贺州、柳州、河池、兴义、石林、昆明	1710
G80		广昆高速	广州、三水、肇庆、云浮、梧州、玉林、南宁、百色、富宁、开远、石林、昆明	1610
G91	地区环线	辽中环线高速	铁岭、抚顺、本溪、辽阳、辽中、新民、铁岭	405
G92		杭州湾环线高速	上海、嘉兴、杭州、绍兴、宁波、嘉兴、上海	—
G93		成渝环线高速	成都、绵阳、遂宁、重庆、合江、泸州、宜宾、乐山、雅安、成都	1200
G94		珠三角环线高速	香港、澳门、珠海、中山、江门、佛山、花都、增城、东莞、深圳、香港	471
G95		首都环线高速	承德、鹰手营子矿区、兴隆、三河、香河、廊坊、固安、涿州、涿鹿、张家口、崇礼、沽源、丰宁、承德	940
G98		海南环线高速	海口、琼海、三亚、东方、海口	128
合计				83487

国道是指具有全国性政治、经济意义的主要干线公路，包括重要的国际公路，国防公路，连接首都与各省、自治区首府和直辖市的公路，连接各大经济中心、港站枢纽、商品生产基地和战略要地的公路。

截至2018年初，中国国道总里程为12.57万km。

中国东部的国道大部分是一级公路和二级公路。中国中部和中国西部的国道大部分是二级公路和二级以下公路。在中国高速公路承担较大通过流量的同时，既有的三位数国道并没有废弃，仍然是各地交通系统的重要组成部分。

中国国道采用数字编号，分为四类编号方式：第一类是以北京为中心，做扇面辐射的公路12条，共23220km，编号101～112；第二类是北南走向的公路

27 条，共 37838km，编号 201～228(无 226)；第三类是东西走向的公路 29 条，共 45650km，编号 301～330(除 313)；第四类是“五纵七横”主干线，以“0”开头，大多为新建线路，路况相对较好，具体如表 2.2 所示(“—”表示本书撰写时尚未获得确切数据)。

表 2.2　全国国道(公路)列表

编号	类型	名称	沿途省(区、市)	全长/km
G101	首都辐射	北京—承德—沈阳线	北京、河北、辽宁	869
G102		北京—山海关—沈阳—长春—哈尔滨线	北京、河北、天津、辽宁、吉林、黑龙江	1317
G103		北京—天津—塘沽线	北京、河北、天津	166
G104		北京—南京—杭州—福州线	北京、河北、天津、山东、江苏、安徽、浙江、福建	2280
G105		北京—南昌—广州—珠海线	北京、河北、天津、山东、河南、安徽、湖北、江西、广东	2312
G106		北京—兰考—黄冈—广州线	北京、河北、河南、湖北、湖南、广东	2422
G107		北京—石家庄—郑州—武汉—广州—深圳线	北京、河北、河南、湖北、湖南、广东	2698
G108		北京—太原—西安—成都—昆明线	北京、河北、山西、陕西、四川、云南	3228
G109		北京—银川—兰州—西宁—拉萨线	北京、河北、山西、内蒙古、宁夏、甘肃、青海、西藏	3846
G110		北京—呼和浩特—银川线	北京、河北、内蒙古、宁夏	1231
G111		北京—通辽—乌兰浩特—加格达奇线	北京、河北、内蒙古、黑龙江	1827
G112		北京环线	北京	1024
G201	北南纵线	鹤岗—牡丹江—大连线	黑龙江、吉林、辽宁	1762
G202		黑河—哈尔滨—吉林—沈阳—大连—旅顺线	黑龙江、吉林、辽宁	1726
G203		明水—扶余—沈阳线	黑龙江、吉林、辽宁	710
G204		烟台—连云港—上海线	山东、江苏、上海	967
G205		山海关—淄博—南京—屯溪—深圳线	河北、天津、山东、江苏、安徽、浙江、福建、广东	2891
G206		烟台—徐州—合肥—景德镇—汕头线	山东、江苏、安徽、江西、广东	2339
G207		锡林浩特—张家口—长治—镇平—襄阳—常德—梧州—海安线	内蒙古、河北、山西、河南、湖北、湖南、广西、广东	3405
G208		二连浩特—集宁—太原—长治线	内蒙古、山西	990
G209		呼和浩特—三门峡—西峡—柳州—北海线	内蒙古、山西、河南、湖北、湖南、广西	3346
G210		包头—西安—重庆—贵阳—南宁线	内蒙古、陕西、四川、重庆、贵州、广西	3011

续表

编号	类型	名称	沿途省(区、市)	全长/km
G211	北南纵线	银川—西安线	宁夏、甘肃、陕西	629
G212		兰州—广元—重庆线	甘肃、四川、重庆	1257
G213		兰州—成都—昆明—景洪—磨憨线	甘肃、四川、云南	2286
G214		西宁—昌都—景洪线	青海、西藏、云南	3182
G215		红柳园—敦煌—格尔木线	甘肃、青海	656
G216		阿勒泰—乌鲁木齐—巴伦台线	新疆	864
G217		阿勒泰—库车—和田线	新疆	1753
G218		清水河—伊宁—库尔勒—若羌线	新疆	1123
G219		叶城—狮泉河—拉孜线	新疆、西藏	2178
G220		东营—济南—郑州线	山东、河南	571
G221		哈尔滨—同江线	黑龙江	486
G222		哈尔滨—伊春线	黑龙江	327
G223		海口—三亚(东)线	海南	319
G224		海口—三亚(中)线	海南	296
G225		海口—三亚(西)线	海南	426
G227		西宁—张掖线	青海、甘肃	338
G228		辽宁—广西线	—	—
G301	东西横线	绥芬河—哈尔滨—满洲里线	黑龙江、内蒙古	1303
G302		珲春—图们—吉林—长春—乌兰浩特线	吉林、内蒙古	1007
G303		集安—四平—通辽—锡林浩特线	吉林、辽宁、内蒙古	1215
G304		丹东—通辽—霍林河线	辽宁、内蒙古	813
G305		庄河—营口—北票—敖汉旗—林东线	辽宁、内蒙古	676
G306		绥中—克什克腾线	辽宁、内蒙古	507
G307		黄骅—石家庄—太原—银川线	河北、山东、山西、陕西、宁夏	1274
G308		青岛—济南—石家庄线	山东、河北	637
G309		荣城—济南—固原—兰州线	山东、河北、山西、陕西、宁夏、甘肃	2198
G310		连云港—徐州—郑州—西安—天水线	江苏、山东、安徽、河南、陕西、甘肃	1222
G311		徐州—许昌—西峡线	江苏、安徽、河南	710
G312		上海—南京—合肥—南阳—西安—兰州—固原—乌鲁木齐—霍尔果斯线	上海、江苏、安徽、河南、湖北、陕西、甘肃、宁夏、新疆	4451
G314		乌鲁木齐—喀什—红其拉甫线	新疆	1733
G315		西宁—若羌—喀什线	青海、新疆	2921

续表

编号	类型	名称	沿途省(区、市)	全长/km
G316	东西横线	福州—南昌—武汉—兰州线	福建、江西、湖北、陕西、甘肃	2268
G317		成都—那曲	四川、西藏	2043
G318		上海—武汉—成都—拉萨—聂拉木线	上海、江苏、浙江、安徽、湖北、重庆、四川、西藏	5476
G319		厦门—长沙—重庆—成都线	福建、江西、湖南、重庆、四川	2453
G320		上海—南昌—昆明—畹町—瑞丽线	上海、浙江、江西、湖南、贵州、云南	2217
G321		广州—桂林—贵阳—成都线	广东、广西、贵州、四川	1612
G322		衡阳—桂林—南宁—凭祥—友谊关线	湖南、广西	880
G323		瑞金—韶关—柳州—临沧线	江西、广东、广西、云南	1863
G324		福州—广州—南宁—昆明线	福建、广东、广西、贵州、云南	2181
G325		广州—湛江—南宁线	广东、广西	769
G326		秀山—毕节—个旧—河口线	重庆、贵州、云南	1054
G327		连云港—固原线	江苏、山东、河南、陕西、甘肃、宁夏	1403
G328		南京—扬州—南通线	江苏	197
G329		杭州—宁波—沈家门线	浙江	206
G330		温州—寿昌线	浙江	361
G338	新开通路线	上海—亚东线	上海、江苏、浙江、安徽、湖北、河南、陕西、四川、西藏	4500
G339		上海金山—宣城—安庆—武汉—南阳—安康—绵竹—兰州—海北藏族自治州海晏县—瓜州—吐鲁番—库尔勒—和田—帕米尔翕糌线	上海、浙江、安徽、湖北、河南、陕西、重庆、四川、甘肃、青海、新疆	8500
G340		杭州—镇康线	浙江、安徽、湖北、江西、湖南、重庆、贵州、云南	3300
G343		温州—磨憨线	浙江、福建、广东、广西、云南	2777

注：表中 G338～G340、G343 为 2019～2020 年开通或部分开通的路线。

省道又称省级干线公路。在省公路网中，具有全省(区、市)性的政治、经济、国防意义，并经省(区、市)统一规划确定为省级干线公路。省道由省(区、市)公路主管部门负责修建、养护和管理。具体如表 2.3 所示。

截至 2018 年初，我国省道总里程为 37.22 万 km。

表 2.3　我国省道公路里程列表

所属地区	公路里程/万 km	所属地区	公路里程/万 km
河北	1.150	湖南	1.438
山西	0.857	广东	1.318
辽宁	0.736	海南	0.184
吉林	0.623	四川	1.980
江苏	0.951	贵州	1.166
浙江	0.721	云南	1.455
安徽	1.220	陕西	1.046
福建	0.648	甘肃	0.854
江西	0.974	青海	0.485
山东	1.624	黑龙江	0.996
河南	1.607	其他各省(区、市)	13.57
湖北	1.617	全国总计	37.22

2. 公路系统交通基础设施网络布局状况

通过公开资料获取相关服务区地理位置信息，可以得到我国公路路网分布情况[19]。

2.1.2　我国铁路系统交通基础设施布局状况

1. 我国铁路系统的范围界定、发展历史、整体现状

中国高铁(China railway high-speed，CRH)包含技术标准和路网建设两个层面的含义。技术标准的中国高铁是指我国几次铁路大提速新建设计开行 250km/h(含预留)及以上动车组列车且初期运营速度不小于 200km/h 的客运专线铁路；而路网建设的中国高铁是指我国境内所有设计速度在 200km/h 及以上的新线铁路和部分经改造达标后的既有线铁路。

高铁的等级定义与等级划分[20]依据是铁路线在铁路网中的作用，高铁时代中国铁路宏观层次的新等级是：高铁级；国铁 I 级(包括冠名型快铁和重要普铁，顶档国 I 级别是双线快铁)、国铁 II 级、国铁III级、国铁IV级；地铁 I 级、地铁 II 级。国铁即国家铁路，区别于地方铁路。

中国铁路分电气化铁路和非电气化铁路。闻名世界的高铁便属于电气化铁路。而国铁 I 级只用于快速铁路和骨干线普通铁路。中国通过引进并创新，研制“和谐号”动车组列车及“复兴号”中国标准动车组列车。

2018 年底中国高铁运营里程超过 2.9 万 km，占全球高铁运营里程的 2/3 以上，超过其他国家的总和。2019 年，全国投产新线 8489km，其中高铁 5474km。截至 2019 年 4 月，中国高铁桥梁长度突破 1.6 万 km。

2. 四纵四横

“四纵四横”是《中长期铁路网规划(2008 年调整)》规划建设的客运专线，客车速度目标值达到 200km/h 以上。

“四纵”为京沪客运专线(京沪高铁)、京港客运专线(京港高铁)、京哈客运专线、杭福深客运专线(东南沿海客运专线)。

“四横”为沪汉蓉客运专线、徐兰客运专线、沪昆客运专线、青太客运专线，如表 2.4 所示。

表 2.4 我国高铁“四纵四横”客运专线列表

编号	名称	沿途地区	全长/km
1	京沪客运专线(京沪高铁)	北京、廊坊、天津、沧州、德州、济南、泰安、曲阜、滕州、枣庄、徐州、宿州、蚌埠、定远、滁州、南京、镇江、丹阳、常州、无锡、苏州、昆山、上海	1318
2	京港客运专线(京港高铁)	北京、保定、石家庄、邢台、邯郸、安阳、鹤壁、新乡、郑州、许昌、漯河、驻马店、信阳、武汉、咸宁、岳阳、长沙、衡阳、郴州、广州、深圳、福田、香港	2440
3	京哈客运专线	北京、星火、顺义、怀柔、密云、兴隆、安匠、承德、承德县、平泉、牛河梁、喀左、奈林皋、朝阳、北票、乌兰木图、阜新、黑山、新民、沈阳、铁岭、开原、昌图、四平、公主岭、长春、德惠、扶余、双城、哈尔滨	1241
4	杭福深客运专线(东南沿海客运专线)	杭州、绍兴、余姚、庄桥、宁波、云龙、奉化、宁海、三门县、临海、台州、温岭、雁荡山、绅坊、乐清、永嘉、温州、瑞安、鳌江、苍南、福鼎、太姥山、霞浦、福安、宁德、罗源、连江、福州、福清、渔溪(预留)、涵江、莆田、仙游、惠安、泉州、晋江、翔安(预留)、厦门、前场、角美、漳州、洋奎站(预留)、漳浦、云霄、诏安、饶平、潮汕、潮阳、普宁、葵潭、陆丰、汕尾、鲘门、惠州、深圳	1464
5	徐兰客运专线	徐州、萧县、永城、砀山、商丘、民权、兰考、开封、郑州、巩义、洛阳、渑池、三门峡、灵宝、华山、渭南、西安、咸阳、杨陵、岐山、宝鸡、东岔、天水、秦安、通渭、定西、榆中、兰州	1434
6	沪昆客运专线	上海、松江、金山、嘉善、嘉兴、桐乡、海宁、余杭、杭州、诸暨、义乌、金华、龙游、衢州、江山、玉山、上饶、弋阳、鹰潭、抚州、进贤、南昌、高安、新余、宜春、萍乡、醴陵、长沙、湘潭、韶山、娄底、邵阳、新化、溆浦、怀化、芷江、新晃、铜仁、三穗、凯里、贵定、贵阳、贵安、平坝、安顺、关岭、普安县、盘州、富源、曲靖、嵩明、昆明	2252
7	青太客运专线	青岛 、胶州 、高密、潍坊、青州、淄博、滨州、济南、德州、衡水、辛集、石家庄、鹿泉、井陉、盂县、寿阳、阳曲、太原	770
8	沪汉蓉客运专线	上海、昆山、苏州、无锡、常州、丹阳、镇江、南京、全椒、合肥、六安、金寨、麻城、红安、汉口、汉川、天门、仙桃、潜江、荆州、枝江、宜昌、巴东、建始、恩施、利川、石柱县、丰都、涪陵、长寿、重庆、合川、潼南、遂宁、大英、成都	1985

“四纵四横”客运专线内包含的线路未必是客运专线等级，部分为 I 级铁路，而为客运专线等级的线路也并非全部包括在“四纵四横”网络内[21]。

1) 京沪客运专线

京沪客运专线，又名京沪高铁，是一条连接北京市与上海市的高铁，是 2016 年修订的《中长期铁路网规划》中“八纵八横”高铁主通道之一。

京沪客运专线由北京南站至上海虹桥站，全长 1318km，设 24 个车站，设计的最高速度为 380km/h。截至 2017 年 9 月，京沪客运专线的运营速度为 350km/h。截至 2018 年 6 月 30 日，京沪客运专线已开通运营七周年，共发送旅客 8.25 亿人次[16]。

2) 京港客运专线

京港客运专线，又称京港高铁，全长 2440km，由京广客运专线及其延伸线广深港客运专线构成，是与现有的京广铁路平行的铁路专线。京港客运专线是《中长期铁路网规划(2008 调整)》中线路里程最长的高标准客运通道；为复线铁路，车站数达到 50 个，轨道为标准轨道(1435mm)。

3) 京哈客运专线

京哈客运专线，又名京哈高铁，是《中长期铁路网规划(2008 年调整)》的“四纵四横”客运专线中的“一纵”。该线路由北京市出发，途经河北省、辽宁省、吉林省，终点为黑龙江省哈尔滨市，并包括沈大高速线、朝凌联络线、赤峰支线和通辽支线。

2018 年 12 月 29 日，京哈客运专线承德至沈阳段开通运行。京哈客运专线承沈段途经河北省承德市和辽宁省朝阳市、阜新市，终至辽宁省沈阳市，沿线设 14 座车站，线路全长 506km，初期运营速度为 300km/h。

4) 杭福深客运专线

杭福深客运专线，简称杭深线，是《中长期铁路网规划(2008 年调整)》的“四纵四横”客运专线中的“一纵”，连接长江三角洲(以下简称长三角)、东南沿海地区与珠江三角洲(以下简称珠三角)。

该线由杭州东站出发，沿中国东南海岸线南下，途经宁波、台州、温州、福州、厦门等地，终点为深圳北站，全长 1464km。

5) 徐兰客运专线

徐兰客运专线，又名徐兰高铁，是中国境内一条连接江苏省徐州市与甘肃省兰州市的高铁，是《中长期铁路网规划》中“八纵八横”高铁陆桥通道之一[16]。

徐兰客运专线由徐州东站至兰州西站，全长 1434km，设计速度为 250km/h(宝鸡南站以西至兰州西站)、350km/h(宝鸡南站以东至徐州东站)。徐兰客运专线的列车运营速度为 250～300km/h。

6) 沪昆客运专线

沪昆客运专线，又名沪昆高铁，是一条连接上海市与云南省昆明市的高铁，是《中长期铁路网规划》中“八纵八横”高铁主通道之一，是中国东西向线路里程最长、速度等级最高、经过省(区、市)最多的高铁。

沪昆客运专线由上海虹桥站至昆明南站，全长 2252km，设计速度为 350km/h(长沙南站以西 300km/h，预留 350km/h)。截至 2016 年 12 月，沪昆客运专线的运营速度为 300km/h。

7) 青太客运专线

青太客运专线途经青岛、潍坊、淄博、济南、德州、沧州、衡水、石家庄、阳泉、太原等城市，由济青高铁、石济客运专线和石太客运专线构成，是山西省对外客运的重要通道，也对缓解既有铁路西煤东运运能紧张的情况发挥了重要作用。该专线全长约 770km，设计速度为 200～300km/h。

8) 沪汉蓉客运专线

沪汉蓉客运专线，又名沪汉蓉高铁，起点为上海虹桥站，途经南京、合肥、武汉、重庆等城市，终点为成都东站，全长 1985km，设计速度为 160～350km/h(其中上海到南京段为 350km/h，宜昌到利川段为 160km/h，其余段为 200～250km/h)，是中国规划的“四纵四横”铁路骨干网中四条横向高铁之一，于 2014 年 7 月 1 日全线贯通。

截至 2015 年底，我国高铁营运里程达 1.8 万多千米，快速铁路网达 4 万多千米，铁路总里程 12 万多千米。我国高铁网营运里程规模居全球第一。

3. 八纵八横

2016 年 7 月，国家发展改革委、交通运输部、中国铁路总公司联合发布了《中长期铁路网规划》，勾画了新时期“八纵八横”高铁网的宏大蓝图。

“八纵”通道包括沿海通道、京沪通道、京港(台)通道、京哈—京港澳通道、呼南通道、京昆通道、包(银)海通道、兰(西)广通道。

“八横”通道包括绥满通道、京兰通道、青银通道、陆桥通道、沿江通道、沪昆通道、厦渝通道、广昆通道。

2016 年印发的国家《中长期铁路网规划》中预计，到 2020 年，我国高铁将由 2015 年底的 1.9 万 km 增加到 3 万 km[16]。

2018 年 12 月 25 日，“八纵八横”高铁网中最北“一横”的重要组成部分哈牡高铁正式开通运营。“八纵八横”客运专线列表详见表 2.5、表 2.6(“—”表示本书撰写时尚未获取确切数据)。

表 2.5　我国“八纵八横”客运专线列表(“八纵”通道)

编号	名称	沿途地区	全长/km
1	沿海通道	大连(丹东)—秦皇岛—天津—东营—潍坊—青岛(烟台)—连云港—盐城—南通—上海—宁波—福州—厦门—深圳—湛江—北海高铁(其中青岛至连云港段利用青连铁路，连云港至盐城段利用连盐铁路，盐城至南通段利用盐通铁路，南通至上海段利用沪通铁路，上海至宁波段新建跨杭州湾铁路大桥)，连接东部沿海地区，贯通京津冀、辽中南、山东半岛、东陇海、长三角、海峡西岸、珠三角、北部湾等城市群	4019
2	京沪通道	北京—天津—济南—南京—上海(杭州)高铁，包括南京—杭州、蚌埠—合肥—杭州高铁，同时通过北京—天津—东营—潍坊—临沂—淮安—扬州—南通—上海高铁，连接华北、华东地区，贯通京津冀、长三角等城市群	—
3	京港(台)通道	北京—衡水—菏泽—商丘—阜阳—合肥(黄冈)—九江—南昌—赣州—深圳—香港(九龙)高铁；另一支线为合肥—福州—台北高铁，包括南昌—福州(莆田)铁路。连接华北、华中、华东、华南地区，贯通京津冀、长江中游、海峡西岸、珠三角等城市群	—
4	京哈—京港澳通道	哈尔滨—长春—沈阳—北京—石家庄—郑州—武汉—长沙—广州—深圳—香港高铁，包括广州—珠海—澳门高铁。连接东北、华北、华中、华南、港澳地区，贯通哈长、辽中南、京津冀、中原、长江中游、珠三角等城市群	3490
5	呼南通道	呼和浩特—大同—太原—长治—晋城—焦作—郑州(洛阳)—襄阳—常德—益阳—娄底—邵阳—永州—桂林—南宁高铁。连接华北、中原、华中、华南地区，贯通呼包鄂榆、山西中部、中原、长江中游、北部湾等城市群	—
6	京昆通道	北京—石家庄—太原—西安—成都(重庆)—昆明高铁，包括北京—张家口—大同—太原高铁。连接华北、西北、西南地区，贯通京津冀、太原、关中平原、成渝、滇中等城市群	—
7	包(银)海通道	包头—延安—西安—重庆—贵阳—南宁—湛江—海口(三亚)高铁，包括银川—西安以及海南环岛高铁。连接西北—西南—华南地区，贯通呼包鄂—宁夏沿黄—关中平原—成渝—黔中—北部湾等城市群	—
8	兰(西)广通道	兰州(西宁)—临夏市—合作市—绵阳市(安州区)—广汉市—成都市—眉山市—乐山市—宜宾市—毕节市—贵阳市—都匀市—桂林市—贺州市—佛山市—广州高铁。连接西北、西南、华南地区，贯通兰西、成渝、黔中、珠三角等城市群	—

表 2.6　我国“八纵八横”客运专线列表(“八横”通道)

编号	名称	沿途地区	全长/km
1	绥满通道	绥芬河—牡丹江—哈尔滨—齐齐哈尔—海拉尔—满洲里高铁。连接黑龙江及蒙东地区	—
2	京兰通道	北京—呼和浩特—银川—兰州高铁。连接华北、西北地区，贯通京津冀、呼包鄂、宁夏沿黄、兰西等城市群	3943

续表

编号	名称	沿途地区	全长/km
3	青银通道	青岛—济南—石家庄—太原—银川高铁(其中绥德至银川段利用太中银铁路)。连接华东、华北、西北地区，贯通山东半岛、京津冀、太原、宁夏沿黄等城市群	—
4	陆桥通道	连云港—徐州—郑州—西安—兰州—西宁—乌鲁木齐高铁。连接华东、华中、西北地区，贯通东陇海、中原、关中平原、兰西、天山北坡等城市群	—
5	沿江通道	上海—南京—合肥—武汉—重庆—成都高铁，包括南京—安庆—九江—武汉—宜昌—重庆—万州—达州—遂宁—成都高铁(其中成都至遂宁段利用达成铁路)，连接华东、华中、西南地区，贯通长三角、长江中游、成渝等城市群	—
6	沪昆通道	上海—杭州—南昌—长沙—贵阳—昆明高铁。连接华东、华中、西南地区，贯通长三角、长江中游、黔中、滇中等城市群	2252
7	厦渝通道	厦门—龙岩—赣州—长沙—常德—张家界—黔江—重庆高铁(其中厦门至赣州段利用龙厦铁路、赣龙铁路，常德至黔江段利用黔张常铁路)。连接海峡西岸、中南、西南地区，贯通海峡西岸、长江中游、成渝等城市群	—
8	广昆通道	广州—南宁—昆明高铁。连接华南、西南地区，贯通珠三角、北部湾、滇中等城市群	—

其余 42 条高铁情况如表 2.7 所示。

表 2.7　其余 42 条高铁列表

编号	名称	起讫点	全长/km
1	宁杭铁路	南京—杭州	248.96
2	杭甬铁路	杭州—宁波	149.80
3	盘营铁路	盘锦—营口	90.00
4	向莆高铁	南昌向塘—福建莆田	632.00
5	津秦高铁	天津—秦皇岛	257.00
6	厦深高铁	厦门—深圳	502.40
7	西宝高铁	西安—宝鸡	138.11
8	渝利铁路	重庆—湖北利川	264.40
9	茂湛铁路	广东茂名—湛江	103.00
10	柳南客运专线	柳州—南宁	226.69
11	衡柳铁路	衡阳—柳州	497.90
12	广西沿海高铁	南宁—钦州—北海	262.00
13	武咸城际铁路	武汉—咸宁	90.10
14	京哈线秦沈段	秦皇岛—沈阳北	404.00
15	宁蓉线合宁段	南京南—三十里铺	145.00

续表

编号	名称	起讫点	全长/km
16	淮南线	三十里铺—合肥	9.00
17	胶济客运专线	济南—青岛	393.00
18	京津城际铁路	北京南—天津	120.00
19	石太客运专线获太段	太原—获鹿	212.00
20	石太线	获鹿—石家庄北	13.00
21	宁西线西合段	合肥—长安集	31.00
22	宁蓉线合武段	长安集—汉口	333.00
23	沪深线甬厦线(甬温段)	宁波—温州南	275.00
24	沪深线甬厦段(甬福段)	温州南—福州南	294.00
25	京广高速线武广段	武汉—广州南	1069.00
26	徐兰高速线郑西段	郑州东—西安北	523.00
27	沪深线甬厦段(福厦段)	福州南—厦门北	226.00
28	成灌线	成都—青城山	65.00
29	沪宁高速线	上海—南京	301.00
30	昌九城际线	南昌—九江	135.00
31	沪昆高速线沪杭段	上海虹桥—杭州东	159.00
32	长吉城际线	长春—吉林	111.00
33	海南东环线	海口—三亚	308.00
34	广珠城际线	广州南—珠海北	93.00
35	江门线	小榄—新会	27.00
36	京沪高速线	北京南—上海虹桥	1318.00
37	广深高速线	广州南—深圳北	102.00
38	沪深线厦漳段	厦门北—漳州	42.00
39	宁蓉线汉宜段	宜昌东—武汉	323.00
40	京广高速线郑武段	郑州东—武汉	536.00
41	合蚌线	合肥—蚌埠	132.00
42	合宁高铁	合肥—南京	123.00

4. 铁路系统交通基础设施网络布局状况

根据公开数据获得的线路、里程、等级等信息，可获得我国铁路系统路网分布现状[19]。

2.2 我国陆路交通基础设施所在地区的风、光资源状况

2.2.1 我国全境整体风、光资源分布状况

根据中国气象局风能太阳能资源评估中心的划分标准，我国太阳能资源地区分为以下四类[22]。

一类地区（资源丰富带）：全年辐射量在 6700～8370MJ/m^2。相当于 230kg 标准煤燃烧所发出的热量。主要包括青藏高原、甘肃北部、宁夏北部、新疆南部、河北西北部、山西北部、内蒙古南部、宁夏南部、甘肃中部、青海东部、西藏东南部等地。

二类地区（资源较富带）：全年辐射量在 5400～6700MJ/m^2，相当于 180～230kg 标准煤燃烧所发出的热量。主要包括山东、河南、河北东南部、山西南部、新疆北部、吉林、辽宁、云南、陕西北部、甘肃东南部、广东南部、福建南部、江苏中北部和安徽北部等地。

三类地区（资源一般带）：全年辐射量在 4200～5400MJ/m^2。相当于 140～180kg 标准煤燃烧所发出的热量。主要是长江中下游、福建、浙江和广东的一部分地区，这些地区春夏多阴雨，秋冬季太阳能资源尚可。

四类地区：全年辐射量在 4200MJ/m^2 以下。主要包括四川、贵州。此区是我国太阳能资源最少的地区。

对于我国的风资源区域划分，主要考虑有效风能密度的大小和全年有效累计小时数。将年平均有效风能密度大于 200W/m^2、3～20m/s 风速的年累计小时数大于 5000h 的地区划为风能丰富区。将年平均有效风能密度在 150～200W/m^2、3～20m/s 风速的年累计小时数在 3000～5000h 的地区划为风能较丰富区。将年平均有效风能密度在 50～150W/m^2、3～20m/s 风速的年累计小时数在 2000～3000h 的地区划为风能可利用区。将年平均有效风能密度在 50W/m^2 以下、3～20m/s 风速的年累计小时数在 2000h 以下的地区划为风能贫乏区[23]。

根据各地太阳能资源条件、风能资源状况和工程建设成本，将全国分为三类光资源区，相应地制定光伏电站标杆上网电价[24]；将全国分为四类风资源区，相应地制定风电标杆上网电价[25]。我国全境整体风、光资源分布情况如表 2.8、表 2.9 所示。

表 2.8 我国光资源区域划分(根据标杆上网电价划分)

资源区	地区
Ⅰ区	宁夏、青海(海西)、甘肃(嘉峪关、武威、张掖、酒泉、敦煌、金昌)、新疆(哈密、塔城、阿勒泰、克拉玛依)、内蒙古(除赤峰、通辽、兴安盟、呼伦贝尔以外地区)
Ⅱ区	北京、天津、黑龙江、吉林、辽宁、四川、云南、内蒙古(赤峰、通辽、兴安盟、呼伦贝尔)、河北(承德、张家口、唐山、秦皇岛)、山西(大同、朔州、忻州、阳泉)、陕西(榆林、延安)、青海(除Ⅰ区外其他地区)、甘肃(除Ⅰ区外其他地区)、新疆(除Ⅰ区外其他地区)
Ⅲ区	河北(除Ⅱ区外其他地区)、山西(除Ⅱ区外其他地区)、陕西(除Ⅱ区外其他地区)、上海、江苏、浙江、安徽、福建、江西、山东、河南、湖北、湖南、广东、广西、海南、重庆、贵州、西藏

表 2.9 我国风资源区域划分(根据标杆上网电价划分)

资源区	地区
Ⅰ区	内蒙古(除赤峰市、通辽市、兴安盟、呼伦贝尔市以外其他地区)、新疆(乌鲁木齐市、伊犁哈萨克族自治州、昌吉回族自治州、克拉玛依市、石河子市)
Ⅱ区	河北(张家口市、承德市)、内蒙古(赤峰市、通辽市、兴安盟、呼伦贝尔市)、甘肃(嘉峪关市、酒泉市)、云南
Ⅲ区	吉林(白城市、松原市)、黑龙江(鸡西市、双鸭山市、七台河市、绥化市、伊春市，大兴安岭地区)、甘肃(除嘉峪关市、酒泉市以外其他地区)、新疆(除乌鲁木齐市、伊犁哈萨克族自治州、昌吉回族自治州、克拉玛依市、石河子市以外其他地区)、宁夏
Ⅳ区	除Ⅰ区、Ⅱ区、Ⅲ区以外的其他地区

根据近年发布的《中国气象辐射资料年册》可知[26]，我国各省(区、市)典型的月均总辐射量如表 2.10 所示。

表 2.10 我国各省(区、市)月均总辐射量

省(区、市)	观测站区站号	月均总辐射量/(MJ/m^2)											
		1月	2月	3月	4月	5月	6月	7月	8月	9月	10月	11月	12月
北京	54511	248.2	306.7	470.8	489.6	631.7	443.7	565.4	518.8	428.6	366.9	282.7	151.7
天津	54527	302.5	355.3	502.6	509.6	633.4	528.4	586.2	546.4	454.2	370.5	268.6	152.6
河北	54539	243.2	315.1	459.7	525.3	657.1	557.7	600.5	568.7	466.7	366.6	266.5	191.8
山西	53487	207.9	261.1	467.7	525.3	628.1	599.8	624.8	627.5	430.4	367.8	271.3	185.5
	53772	261.3	291.6	486.4	509.8	560.7	535.6	591.0	558.7	392.4	369.7	270.2	171.7
	53963	257.2	273.2	417.1	445.2	512.6	570.0	626.5	529.3	416.7	334.6	239.0	151.9
内蒙古	50527	172.1	277.8	436.8	497.6	639.6	638.0	568.5	587.4	452.8	288.7	208.4	159.9
	50834	216.6	316.1	481.4	490.7	724.7	562.2	636.1	598.2	480.8	323.7	240.8	210.8
	52267	311.7	366.0	557.6	642.0	771.0	756.9	804.3	743.5	541.7	470.2	326.4	238.8
	53068	268.5	360.3	510.5	606.6	764.1	746.8	794.5	698.8	538.1	402.6	288.4	231.7
	53336	281.4	320.9	512.8	620.0	687.8	698.4	739.5	704.7	503.5	445.0	299.3	243.5
	53543	274.5	304.5	521.3	594.6	625.7	645.6	668.9	629.0	434.0	429.0	301.4	227.7
	54102	257.8	347.4	452.2	513.1	697.2	646.6	711.7	654.3	520.5	312.0	282.4	231.7
	54135	235.9	348.8	451.0	504.4	770.0	625.8	701.6	596.1	529.0	350.9	254.5	205.8

续表

省(区、市)	观测站区站号	月均总辐射量/(MJ/m²)											
		1月	2月	3月	4月	5月	6月	7月	8月	9月	10月	11月	12月
辽宁	54324	245.8	333.6	450.6	501.2	686.7	494.6	629.0	598.5	462.6	340.9	246.6	206.8
	54342	216.4	307.7	406.4	454.5	709.8	549.7	577.5	495.2	445.0	286.1	223.4	169.6
	54662	247.2	301.2	459.4	568.7	630.5	627.1	554.2	556.0	469.6	341.1	252.8	206.4
吉林	54161	198.5	306.4	423.2	445.3	707.9	603.6	602.9	519.0	495.0	303.1	209.0	187.6
	54292	202.7	285.5	402.1	424.7	674.5	530.4	488.7	469.8	442.1	291.6	225.9	192.4
黑龙江	50136	114.4	215.2	403.1	429.1	581.0	634.7	600.3	486.7	400.4	236.7	151.8	95.6
	50468	158.1	260.3	414.0	452.9	601.2	670.7	621.9	539.8	464.9	260.0	189.1	138.0
	50742	192.7	297.7	444.1	456.4	689.5	603.7	619.3	611.8	490.1	320.1	206.2	166.9
	50873	164.8	269.6	400.5	368.9	613.2	515.0	506.2	416.4	404.2	239.0	178.3	132.4
	50953	157.9	259.2	404.1	415.5	654.3	565.9	542.5	452.0	481.8	278.0	170.8	155.2
上海	58362	260.2	294.0	279.0	282.5	335.5	460.0	463.9	404.9	414.7	313.1	254.1	144.8
江苏	58144	265.6	316.7	375.6	414.7	441.7	562.8	553.2	562.1	458.3	365.1	289.6	195.0
	58238	256.8	282.0	330.0	364.1	384.9	501.0	596.8	477.3	445.3	368.6	266.5	148.0
	58265	309.5	290.7	326.3	337.3	394.8	512.9	539.1	478.2	468.7	373.1	307.3	193.4
浙江	58457	262.8	274.5	340.0	279.9	330.0	506.6	471.6	396.2	409.9	359.1	275.7	138.4
	58665	297.7	335.1	368.2	376.6	354.6	475.5	581.6	521.4	432.7	386.5	298.9	201.5
安徽	58321	256.0	267.6	352.0	367.1	368.9	493.4	492.1	501.8	426.6	368.4	263.9	142.7
	58531	258.3	259.8	293.1	285.1	365.6	501.1	562.4	449.8	437.4	363.2	265.2	140.6
福建	58737	237.0	266.7	332.1	406.2	474.9	539.3	628.3	572.8	434.8	365.3	289.7	178.3
	58847	259.6	297.9	347.7	390.3	435.3	464.7	508.3	435.0	374.9	315.8	263.2	189.3
江西	57993	236.8	254.3	309.9	383.1	458.5	509.6	523.2	469.1	358.9	358.6	288.1	186.9
	58606	230.8	218.4	270.2	325.2	372.1	478.5	572.4	514.2	428.7	361.6	272.5	135.9
山东	54764	273.7	344.4	488.7	579.1	614.7	650.6	543.5	549.5	507.9	333.3	268.7	206.2
	54823	233.1	262.7	398.6	514.8	541.3	539.8	598.0	532.2	436.3	350.4	279.5	163.2
	54936	279.2	328.8	452.6	508.0	527.5	558.4	585.4	554.1	466.1	360.2	282.4	196.4
河南	57083	272.7	302.6	398.9	453.9	495.0	548.1	536.4	525.2	471.9	343.7	267.8	139.8
	57178	260.6	247.6	398.0	366.5	442.3	532.7	543.4	502.3	451.6	342.9	254.9	149.7
	58208	251.5	258.2	362.2	374.6	392.8	544.4	519.2	524.8	439.0	359.7	279.5	155.1
湖北	57461	238.4	170.9	344.7	307.9	333.7	475.0	544.0	497.9	442.4	348.7	234.9	126.4
	57494	252.4	213.6	341.8	310.9	384.5	452.1	477.1	459.0	433.2	356.8	240.8	148.5
湖南	57649	189.3	125.2	289.1	292.7	281.4	346.8	476.1	493.6	430.1	323.2	215.5	121.4
	57687	195.2	167.3	279.6	314.0	353.6	409.9	474.6	444.1	362.0	322.9	237.3	119.2
	57874	203.7	178.7	265.6	366.2	393.7	526.5	498.1	445.5	310.9	346.5	223.4	117.5

续表

省(区、市)	观测站区站号	月均总辐射量/(MJ/m²)											
		1 月	2 月	3 月	4 月	5 月	6 月	7 月	8 月	9 月	10 月	11 月	12 月
广东	59287	273.1	293.2	279.1	371.0	436.7	432.9	396.9	438.8	346.5	362.3	333.6	255.9
	59316	310.2	381.1	384.8	487.0	498.9	568.9	531.9	529.9	440.3	421.2	359.9	294.8
广西	57957	236.1	158.9	201.3	296.5	448.7	403.7	515.3	474.6	445.4	395.7	295.7	179.3
	59431	255.9	187.5	219.6	440.6	460.1	462.6	473.5	531.2	418.2	439.4	284.9	202.1
	59644	292.6	298.9	336.0	501.2	499.0	490.4	443.0	565.9	425.7	487.4	343.0	255.1
海南	59758	311.9	329.9	404.4	600.3	532.6	577.9	493.9	526.1	346.1	381.2	240.8	182.3
	59948	435.7	427.8	510.2	646.6	636.5	577.4	560.4	602.1	385.3	494.4	441.2	379.5
	59981	493.7	551.3	656.9	746.9	687.0	693.9	620.5	622.9	560.0	515.4	452.1	423.7
重庆	57516	93.2	103.2	321.5	372.2	315.5	323.0	463.5	424.6	428.6	251.8	149.7	88.1
四川	56146	377.5	463.2	569.4	647.2	671.9	677.7	657.5	681.8	533.5	506.1	416.6	390.3
	56173	376.4	447.5	546.3	604.6	632.7	670.6	637.3	671.3	456.0	505.5	423.3	393.4
	56196	121.6	188.0	369.8	371.1	417.8	437.7	486.9	478.4	341.3	318.4	203.9	107.7
	56294	100.2	173.9	285.4	351.7	390.6	401.5	408.2	417.4	308.1	268.7	166.3	107.6
	56385	319.5	380.3	468.4	558.7	420.0	455.5	424.6	477.4	372.3	401.1	324.7	356.5
	56666	365.3	476.7	580.9	624.2	554.3	629.9	423.8	517.4	406.6	484.7	354.7	356.8
	57602	92.0	145.0	335.2	385.4	346.4	339.3	467.8	444.2	441.9	283.7	164.8	114.1
贵州	57816	223.0	167.5	304.4	472.4	428.1	459.2	591.9	454.6	447.9	328.2	228.9	161.0
云南	56651	463.9	587.9	663.2	701.7	591.1	643.7	482.7	586.9	455.7	570.5	487.0	480.6
	56739	403.4	519.8	531.2	482.1	478.1	415.4	390.1	486.9	465.5	514.1	431.5	436.9
	56778	386.1	461.9	565.8	608.1	509.6	552.1	382.4	409.3	409.0	449.4	356.8	411.3
	56959	421.5	494.2	485.7	578.7	513.0	512.5	410.7	542.0	551.7	531.1	363.1	380.7
	56985	377.5	439.9	518.5	549.9	498.1	489.1	484.8	441.9	453.6	410.6	333.2	336.6
西藏	55228	461.8	480.6	750.7	758.3	892.1	872.1	929.7	699.9	649.5	644.0	488.0	430.0
	55299	516.8	565.9	670.6	674.6	765.5	733.1	650.4	788.1	514.9	579.6	463.5	415.1
	55591	490.4	504.1	629.9	666.7	765.2	785.7	688.3	690.9	623.9	619.7	513.3	463.7
	56137	443.9	509.2	630.7	706.3	754.3	782.1	696.9	708.9	597.5	472.1	420.7	375.9
陕西	53845	288.6	301.6	454.5	468.8	537.4	601.6	614.0	578.4	408.5	390.2	334.0	225.8
	57036	192.2	217.2	348.6	382.1	429.7	529.5	545.8	485.3	383.1	317.0	240.2	129.8
	57245	234.7	179.6	381.5	376.2	440.4	577.6	683.1	521.5	425.8	357.1	203.0	130.1
甘肃	52418	298.7	372.8	555.6	613.5	776.4	760.2	739.8	696.5	520.5	476.8	335.8	250.5
	52533	283.9	350.3	509.1	602.1	730.6	751.9	786.3	706.8	480.1	487.3	351.5	267.4
	52681	318.3	371.8	539.4	613.8	689.4	730.3	789.2	688.0	451.3	496.1	356.9	276.0
	52889	227.7	299.9	446.0	532.5	525.0	636.9	645.8	606.7	396.7	396.5	248.7	199.8

续表

省(区、市)	观测站区站号	月均总辐射量/(MJ/m²)											
		1月	2月	3月	4月	5月	6月	7月	8月	9月	10月	11月	12月
青海	52754	389.4	441.6	596.6	626.8	658.8	646.2	668.7	685.8	474.7	525.2	393.8	333.9
	52818	356.7	399.0	609.5	651.1	800.3	761.3	764.1	772.1	530.6	556.3	384.6	304.2
	52866	318.7	363.5	525.9	599.9	617.8	663.3	649.9	612.6	417.4	461.9	340.1	269.8
	56029	339.3	432.8	529.8	580.1	646.2	621.9	679.5	742.7	529.2	450.2	361.0	301.6
	56043	444.1	495.9	675.4	744.9	751.2	708.4	691.4	788.8	518.0	526.2	430.5	353.6
宁夏	53614	292.4	350.3	525.8	586.3	611.5	724.0	722.8	626.6	408.9	435.5	343.0	229.4
	53817	336.3	355.0	514.8	563.6	557.2	696.3	673.9	606.3	436.4	415.5	353.3	259.5
新疆	51076	192.6	272.9	427.7	532.3	712.2	721.4	758.7	628.5	519.6	320.9	178.4	141.3
	51133	190.8	283.3	399.4	478.2	667.5	618.6	692.1	593.2	496.2	317.9	181.5	149.3
	51431	201.2	284.5	413.3	416.4	670.0	689.8	734.1	651.4	524.9	330.6	198.2	139.2
	51463	171.2	220.5	413.6	429.1	733.3	712.5	690.0	693.3	543.9	354.5	191.8	134.3
	51567	215.2	313.9	464.9	518.4	745.7	733.1	669.9	663.3	527.1	449.6	282.9	167.3
	51573	181.6	287.8	448.6	482.7	724.3	694.7	651.4	655.2	498.3	372.6	240.2	147.0
	51628	260.4	337.5	432.3	496.2	809.3	707.0	724.3	674.2	535.6	439.2	282.8	168.8
	51709	257.4	320.2	458.8	531.8	734.8	713.8	717.8	645.3	507.6	432.1	289.5	158.0
	51777	289.2	351.0	494.4	516.8	688.8	739.3	569.1	606.5	489.0	426.8	312.3	219.1
	51828	289.5	351.5	487.4	517.7	687.0	645.8	590.0	581.6	479.5	468.1	341.1	192.5
	52203	226.8	301.5	481.4	537.2	715.8	688.5	710.2	628.9	507.8	387.0	255.0	184.7

注：本书数据在计算过程中有四舍五入过程，所以由于不同的取舍，计算结果有细微差别。

2.2.2 公路系统交通基础设施所在地区风、光资源分布状况

按照我国风、光资源区的划分以及公路路网基础设施布局，可测算出公路系统交通基础设施对应的可利用资源分布情况。由于高速公路整体数据较为庞大，本书仅选取京沪高速公路(G2)为典型案例开展定量分析研究，测算光伏资源的分布情况，并以此为依据测算其他线路情况。

由各省(区、市)典型的月均总辐射量可得到京沪高速公路(G2)沿途省(区、市)的月均总辐射量，如表2.11所示。

表2.11 京沪高速公路沿途省(区、市)月均总辐射量

省(区、市)	观测站区站号	月均总辐射量/(MJ/m²)											
		1月	2月	3月	4月	5月	6月	7月	8月	9月	10月	11月	12月
北京	54511	248.2	306.7	470.8	489.6	631.7	443.7	565.4	518.8	428.6	366.9	282.7	151.7
天津	54527	302.5	355.3	502.6	509.6	633.4	528.4	586.2	546.4	454.2	370.5	268.6	152.6
河北	54539	243.2	315.1	459.7	525.3	657.1	557.7	600.5	568.7	466.7	366.6	266.5	191.8

续表

省(区、市)	观测站区站号	月均总辐射量/(MJ/m²)											
		1 月	2 月	3 月	4 月	5 月	6 月	7 月	8 月	9 月	10 月	11 月	12 月
上海	58362	260.2	294.0	279.0	282.5	335.5	460.0	463.9	404.9	414.7	313.1	254.1	144.8
江苏	58144	265.6	316.7	375.6	414.7	441.7	562.8	553.2	562.1	458.3	365.1	289.6	195.0
	58238	256.8	282.0	330.0	364.1	384.9	501.0	596.8	477.3	445.3	368.6	266.5	148.0
	58265	309.5	290.7	326.3	337.3	394.8	512.9	539.1	478.2	468.7	373.1	307.3	193.4
安徽	58321	256.0	267.6	352.0	367.1	368.9	493.4	492.1	501.8	426.6	368.4	263.9	142.7
	58531	258.3	259.8	293.1	285.1	365.6	501.1	562.4	449.8	437.4	363.2	265.2	140.6
山东	54764	273.7	344.4	488.7	579.1	614.7	650.6	543.5	549.5	507.9	333.3	268.7	206.2
	54823	233.1	262.7	398.6	514.8	541.3	539.8	598.0	532.2	436.3	350.4	279.5	163.2
	54936	279.2	328.8	452.6	508.0	527.5	558.4	585.4	554.1	466.1	360.2	282.4	196.4
平均值		265.5	302.0	394.1	431.4	491.4	525.8	557.2	512.0	450.9	358.3	274.6	168.9

按照我国光资源区的划分，首都辐射线大多数区域位于光资源Ⅱ、Ⅲ区，北南纵线和东西横线大多数地区位于光资源Ⅰ区，少部分地区位于Ⅲ区。分布情况如表 2.12 所示。

表 2.12 我国国道的光资源区域分布

光资源区域	首都辐射线	北南纵线	东西横线
Ⅰ区	G109～G111	G207～G219 G227	G301～G307 G309～G310 G312～G318
Ⅱ区	G101～G112	G201～G203 G220～G222	G301～G310 G316～G318
Ⅲ区	G103～G108	G204～G207 G223～G225	G318～G343

按照我国风资源区的划分，首都辐射线多数区域位于风资源Ⅱ区，少数区域位于Ⅰ区；北南纵线多数区域位于风资源Ⅲ、Ⅳ区；东西横线多数区域位于Ⅳ区，少数区域位于Ⅰ区。分布情况如表 2.13 所示(“—”表示首都辐射线未途经风资源Ⅲ、Ⅳ区)。

表 2.13 我国国道的风资源区域分布

风资源区域	首都辐射线	北南纵线	东西横线
Ⅰ区	G109～G111	G216～G219	G301～G306 G312～G315

续表

风资源区域	首都辐射线	北南纵线	东西横线
II区	G101～G112	G211～G213	G307～G310
III区	—	G201～G203 G221～G222	G301～G306
IV区	—	G204～G211 G223～G228	G307～G343

2.2.3 铁路系统交通基础设施所在地区风、光资源分布状况

按照我国风、光资源区的划分及铁路系统交通基础设施所属区域，可测算出铁路系统交通基础设施对应的可利用资源分布。由于电气化铁路整体数据较为庞大，本书仅选取京沪高铁为典型案例开展定量分析研究，测算光伏资源的分布情况，并以此为依据测算其他线路的情况。

根据近年发布的《中国气象辐射资料年册》，得到京沪高铁途经六省(区、市)的月均总辐射量如表 2.14 所示。

表 2.14 京沪高铁沿线月均总辐射量

省(区、市)	观测站区站号	月均总辐射量/(MJ/m^2)											
		1月	2月	3月	4月	5月	6月	7月	8月	9月	10月	11月	12月
北京	54511	248.2	306.7	470.8	489.6	631.7	443.7	565.4	518.8	428.6	366.9	282.7	151.7
河北	54539	243.2	315.1	459.7	525.3	657.1	557.7	600.5	568.7	466.7	366.6	266.5	191.8
天津	54527	302.5	355.3	502.6	509.6	633.4	528.4	586.2	546.4	454.2	370.5	268.6	152.6
山东	54764	273.7	344.4	488.7	579.1	614.7	650.6	543.5	549.5	507.9	333.3	268.7	206.2
江苏	58144	265.6	316.7	375.6	414.7	441.7	562.8	553.2	562.1	458.3	365.1	289.6	195.0
上海	58362	260.2	294.0	279.0	282.5	335.5	460.0	463.9	404.9	414.7	313.1	254.1	144.8
平均值		265.5	302.0	394.01	431.4	491.4	525.8	557.2	512.0	450.9	358.3	274.6	168.9

图 2.1 展示了京沪高铁在光照强度最大的七月份途经省(区、市)的光照情况。

按照上述光资源区划分，我国大多数高铁位于光资源II、III区，北南纵线和东西横线大部分位于光资源 I 区，部分位于III区。分布情况如表 2.15 所示。

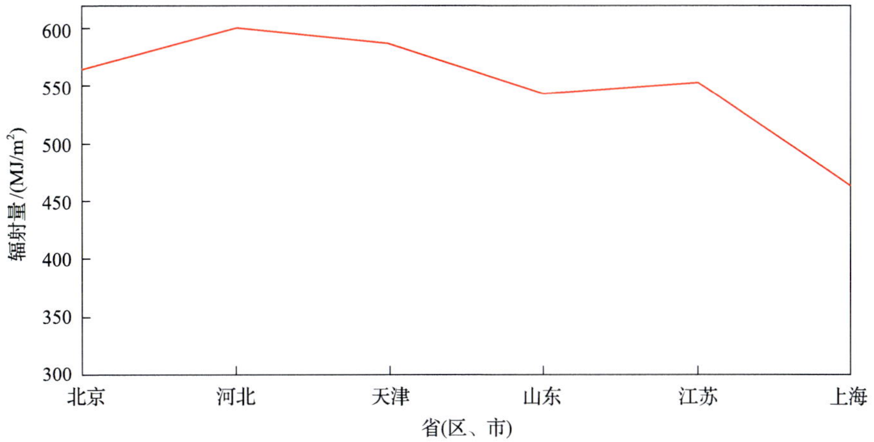

图 2.1　京沪高铁七月光照强度

表 2.15　我国高铁所属光资源区

光资源区	高铁通道
Ⅰ区	包(银)海通道、兰(西)广通道、京兰通道、陆桥通道
Ⅱ区	京沪高铁、京哈客运专线、沪昆高铁、徐兰客运专线、沿海通道、京沪通道、京港(台)通道、京哈—京港澳通道、呼南通道、京昆通道、包(银)海通道、兰(西)广通道、绥满通道、京兰通道、青银通道、福银通道、陆桥通道、沿江通道、沪昆通道、厦渝通道、广昆通道
Ⅲ区	京沪高铁、京港客运专线、杭福深客运专线、沪昆高铁、徐兰客运专线、沪汉蓉高铁、青太客运专线、沿海通道、京沪通道、京港(台)通道、京哈—京港澳通道、呼南通道、京昆通道、包(银)海通道、兰(西)广通道、京兰通道、青银通道、福银通道、陆桥通道、沿江通道、沪昆通道、厦渝通道、广昆通道

2.3　我国陆路交通基础设施分布与光资源叠加的联合分布

2.3.1　公路系统交通基础设施区域光资源叠加的联合分布

将公路系统分布图与光资源分布图进行叠加，可得我国公路系统与光资源的联合分布情况。

由于高速公路整体数据较为庞大，这里仅选取京沪高速公路(G2)为典型案例定量测算道路的潜在太阳能发电可装机容量，并以此为依据测算其他高速公路的潜在太阳能发电可装机容量(详见附录 1)。

对于京沪高速公路(G2)，本书利用沿线服务区进行区间定位，测算各区段线路长度，进而测算出全线的整体情况。其沿途服务区详细基础数据如表 2.16 所示(“—”表示本书撰写时尚未获取确切数据)。

表 2.16　京沪高速公路(G2)沿线服务区信息

序号	服务区	充电桩数量/个	地理坐标	与上一个服务区的距离/km	面积/万 m^2
1	十八里店桥服务区	—	[39.84851122208567, 116.48753750903894]	0	—
2	马驹桥服务区	8	[39.7657221427298, 116.56845288449453]	11.51	—
3	泗村店服务区	8	[39.453739979313504, 116.93829779790752]	47.00	—
4	王庆坨服务区	8	[39.2220876764464, 116.92955199158108]	25.73	—
5	静海服务区	8	[38.89228476577927, 116.88124023283032]	36.85	—
6	唐官屯服务区	8	[38.68970762066818, 116.8948981317871]	22.52	—
7	青县服务区	8	[38.646866627003696, 116.8617260880166]	5.56	—
8	沧州服务区	8	[38.240359991449196, 116.91841588232651]	45.39	10.13
9	东光服务区	8	[37.92057313510661, 116.59316720132917]	45.54	3.98
10	吴桥服务区	8	[37.60110597977647, 116.438621146663]	37.98	4.01
11	德州服务区	8	[37.348182920112215, 116.40405425182544]	28.24	10.00
12	平原服务区	8	[37.184854960818726, 116.52540513045594]	21.08	—
13	禹城服务区	8	[36.953106588970336, 116.70655517563091]	30.35	12.00
14	天桥服务区	8	[36.84822365837097, 117.0635601331862]	33.88	8.00
15	章丘服务区	8	[36.60418900366465, 117.4347391569426]	42.81	—
16	莱芜服务区	8	[36.21932468364581, 117.7531438063612]	51.38	4.53
17	莱新服务区	—	[35.8323509479541, 117.83433772569438]	43.56	—
18	沂南服务区	8	[35.55059565767892, 118.67154808556519]	81.97	6.67
19	临沂服务区	8	[35.173793755169484, 118.25609749047901]	56.33	—
20	郯城服务区	8	[34.5725113096731, 118.27055906385013]	66.72	6.67
21	新沂服务区	8	[34.33458322478908, 118.54588991376016]	36.56	—
22	沭阳服务区	8	[34.1435811825303, 118.80601310535269]	31.99	—
23	淮阴服务区	—	[33.63815042476756, 119.0414217411613]	60.14	—

续表

序号	服务区	充电桩数量/个	地理坐标	与上一个服务区的距离/km	面积/万 m^2
24	六洞服务区	8	[33.425947255108554, 119.1950424764742]	27.52	—
25	范水服务区	8	[33.09987969386371, 119.44840228635665]	43.19	—
26	高邮龙奔服务区	8	[32.76975795045254, 119.51776427168217]	37.18	—
27	正谊服务区	—	[32.41658080195796, 119.67715342192905]	41.93	13.00
28	宣堡服务区	—	[32.29274604254384, 119.99073126024919]	32.55	—
29	广陵服务区	—	[32.11290611536751, 120.22960793473337]	30.08	—
30	堰桥服务区	—	[31.686322623127733, 120.33931119907055]	48.43	10.00
31	梅村服务区	—	[31.52709972624914, 120.43873021008183]	20.02	1.00
32	阳澄湖服务区	—	[31.375392906596623, 120.77637732079569]	36.23	3.60
33	武宁路	—	[31.251295122885875, 121.41975760765864]	62.77	—
合计		184	—	1242.99	93.59

此外，京沪高速公路(G2)还有 8 条隧道，其详细信息如表 2.17 所示。

表 2.17　京沪高速公路(G2)隧道信息情况

序号	隧道名称	全长/m
1	有兰峪隧道	519
2	伙路隧道	1222
3	蟠龙隧道	2563
4	三泉峪隧道	659
5	大龙堂隧道	535
6	锦阳关隧道	878
7	上游隧道	2477
8	鹁鸽岩隧道	733
合计		9586

由表 2.16 和表 2.17 可知，京沪高速公路(G2)的实际可利用长度约为 1233.4km。由于该条公路起始于北京，而北京、天津均属于光资源 II 区，本书以唐官屯服务区为分割点，地理位置在唐官屯服务区之北(含唐官屯)的服务区及相应的道路区间，按照光资源 II 区参数进行测算，其余区域按照光资源III区参数进行测算。

同时，对于本书撰写时尚未获取确切数据的服务区，统一按照每个服务区平均占地面积 90 亩(1 亩 = 666.7m^2)进行测算。

因此，京沪高速公路(G2)处于光资源Ⅱ区的可利用线路长度为 143.61km，服务区面积约为 30.0 万 m^2。处于光资源Ⅲ区的可利用线路长度为 1089.8km，服务区面积约为 171.6 万 m^2。沿途服务区分布如图 2.2 所示。

图 2.2　京沪高速公路(G2)沿途服务区

2.3.2　铁路系统交通基础设施区域光资源叠加的联合分布

将铁路系统分布图与光资源分布图进行叠加，可得我国铁路系统路网所在区域的光资源叠加分布情况。

由于高铁路网的整体数据庞大，本书仅选取京沪高铁为典型案例定量测算道路的潜在太阳能发电可装机容量，并以此为依据测算其他高铁的潜在太阳能发电可装机容量(详见附录 2)。

对于京沪高铁，本书以其沿线主要高铁站为基准，测算其区段长度，进而测算出线路的整体情况。沿途高铁站详细信息如表 2.18 所示[16]。

表 2.18　京沪高铁沿途高铁站信息情况

序号	高铁站名	车站位置	里程/km	辐射量/(MJ/m²)	建筑面积/万 m²
1	北京南站	北京市丰台区车站路 12 号	0	565.41	32.00
2	廊坊站	河北省廊坊市安次区常甫路北端	59	600.53	0.99
3	天津西站	天津市红桥区西站前街 1 号	112	586.21	18.00
4	天津南站	天津市西青区张家窝镇	131	586.21	0.40
5	沧州西站	河北省沧州市沧县北京路西端头	219	600.53	12.00
6	德州东站	山东省德州市经济开发区	327	543.53	1.98
7	济南西站	山东省济南市槐荫区齐鲁大道 6 号	419	543.53	10.00
8	泰安站	山东省泰安市岱岳区灵山大街	462	543.53	2.32
9	曲阜东站	山东省曲阜市息陬镇孔子大道	533	543.53	1.00
10	滕州东站	山东省滕州市东沙河镇东首	589	543.53	0.80
11	枣庄站	山东省枣庄市新城区祁连山路	625	543.53	1.00
12	徐州东站	江苏省徐州市东郊经济开发区	688	463.87	1.50
13	宿州东站	安徽省宿州市埇桥区壕沟乡两半昌村(西)	767	463.87	3.00
14	蚌埠南站	安徽省蚌埠市龙子湖区学府路与学翰路交汇处	844	463.87	1.20
15	定远站	安徽省滁州市定远县池河镇青岗村	897	463.87	0.40
16	滁州站	安徽省滁州市南谯区洪武西路 198 号	959	463.87	0.40
17	南京南站	江苏省南京市雨花台区玉兰路 98 号(北)	1018	463.87	45.80
18	镇江南站	江苏省镇江市丹徒区 312 国道与檀山路交界口	1087	463.87	0.60
19	丹阳北站	江苏省丹阳市开发区前艾镇	1112	463.87	0.60
20	常州北站	江苏省常州市新北区长江北路	1144	463.87	3.96
21	无锡东站	江苏省无锡市锡山区安镇镇	1201	463.87	12.58
22	苏州北站	江苏省苏州市相城区南天城路	1227	463.87	4.67
23	昆山南站	江苏省昆山市创业路 999 号	1259	463.87	7.10
24	上海虹桥站	上海市闵行区申贵路 1500 号	1302	557.22	44.00

在全长1302km的线路中，长度在50km以上的特大桥共有五座。分别是丹昆特大桥、天津特大桥、沧德特大桥、淮河特大桥、潍河特大桥，详见表2.19。

表2.19　京沪高铁特大桥信息

序号	特大桥名称	全长/km
1	丹昆特大桥	164.8
2	天津特大桥	113.7
3	沧德特大桥	105.9
4	淮河特大桥	85.0
5	潍河特大桥	65.0
合计		534.4

由表2.18及表2.19可知，京沪高铁线路的实际可利用长度约为767.6km。由于京沪高铁始于北京，而北京、天津都属于光资源Ⅱ区，本书以天津南站为分割点，地理位置在天津南站以北(含天津)的高铁站及相应的线路，按照光资源Ⅱ区参数进行测算，其余高铁站按照光资源Ⅲ区参数进行测算。

因此，京沪高铁处于光资源Ⅱ区的可利用线路长度为131.0km，高铁站建筑面积为51.39万m^2。处于光资源Ⅲ区的可利用线路长度为636. 6km，高铁站建筑面积为154.91万m^2。

根据表2.10所示的全国各省(区、市)月均总辐射量，可按以下两种方式对全国非电气化铁路光资源储量进行测算：一是按照非电气化铁路的实际里程进行测算；二是按照铁路实际开行列车方案(交路)途经的非电气化铁路区段进行测算。本书采用第二种方式进行测算。

这里以K210/K211次列车开行方案(交路)(以下简称K210/K211次列车交路)为例展示双线建设方式下非电气化铁路区段光资源可利用潜力的测算过程。K210/K211次列车交路是由广州开往宁波的快速旅客列车，全程1596km。

该列车交路途经各站的辐射量如表2.20所示，其中可利用面积按双线铺设方式进行测算。

表2.20　K210/K211次列车交路沿途车站情况[27]

序号	站点名称	站点等级	里程/km	辐射量/(MJ/m^2)	建筑面积/万m^2
1	广州	1	0	396.87	12.00
2	韶关东	2	221	396.87	0.69
3	丹霞山	3	252	523.15	0.60
4	南雄	2	314	523.15	0.34
5	大余	3	352	523.15	0.35

续表

序号	站点名称	站点等级	里程/km	辐射量/(MJ/m^2)	建筑面积/万 m^2
6	赣州	2	425	523.15	0.98
7	鹰潭	2	925	572.39	1.10
8	贵溪	3	946	572.39	0.63
9	上饶	2	1041	572.39	2.00
10	玉山	3	1071	572.39	0.60
11	衢州	2	1152	471.64	1.34
12	金华	2	1238	471.64	3.00
13	义乌	2	1286	471.64	1.49
14	诸暨	3	1338	471.64	0.95
15	杭州	1	1425	471.64	5.00
16	绍兴	2	1488	471.64	0.55
17	上虞	3	1516	471.64	0.80
18	余姚	2	1548	471.64	0.40
19	宁波	2	1596	471.64	6.30

注：K210/K211 线路停运站点根据铁路运营需要会调整，但由于交路总长度不变，且能耗较大的站点不变，因此对本书测算结果影响不大。

从表 2.20 中可以看出，K210/K211 次列车交路总里程为 1596km，沿线平均辐射量约为 496MJ/m^2，可利用性较好。

下面以青藏铁路格-拉段为例展示单线建设方式下，非电气化铁路区段光资源可利用潜力的测算过程。青藏铁路格-拉段非电气化铁路全程共 1126km。

该列车交路途经各站的信息如表 2.21 所示，其中可利用面积按单线铺设方式进行测算(表中“—”表示五类车站由于规模过小，具体建筑面积不易获得，因此建筑面积忽略不计)。

表 2.21 青藏铁路格-拉段沿线途经站点信息[28-30]

序号	站点名称	站点等级	里程/km	辐射量/(MJ/m^2)	建筑面积/万 m^2
1	格尔木站	2	0	574.15	1.66
2	南山口站	3	27	574.15	0.81
3	甘隆站	5	51	574.15	—
4	纳赤台站	4	84	574.15	0.12
5	小南川站	5	107	574.15	—
6	玉珠峰站	4	125	574.15	0.12
7	望昆站	4	143	574.15	0.12
8	不冻泉站	5	180	574.15	—

续表

序号	站点名称	站点等级	里程/km	辐射量/(MJ/m^2)	建筑面积/万 m^2
9	楚玛尔河站	5	226	574.15	—
10	可可西里站	4	242	574.15	0.12
11	五道梁站	5	270	574.15	—
12	秀水河站	5	308	574.15	—
13	江克栋站	5	344	574.15	—
14	风火山站	4	350	574.15	0.12
15	日阿尺曲站	5	366	611.52	—
16	乌丽站	5	390	611.52	—
17	沱沱河站	4	409	611.52	0.12
18	开心岭站	5	430	611.52	—
19	通天河站	4	451	611.52	0.12
20	塘岗站	5	479	611.52	—
21	雁石坪站	5	492	611.52	—
22	布玛德站	5	526	611.52	—
23	布强格站	4	550	611.52	0.12
24	唐古拉北站	5	574	611.52	—
25	唐古拉站	4	591	611.52	0.12
26	唐古拉南站	5	611	611.52	—
27	扎加藏布站	4	630	611.52	0.12
28	托居站	4	669	611.52	0.12
29	安多站	3	694	611.52	0.81
30	错那湖站	5	723	611.52	—
31	联通河站	5	744	611.52	—
32	底吾玛站	4	763	611.52	0.12
33	岗秀站	4	802	611.52	0.12
34	那曲站	1	820	611.52	2.50
35	妥如站	5	861	611.52	—
36	桑雄站	4	883	611.52	0.12
37	古露站	5	905	611.52	—
38	乌玛塘站	4	945	611.52	0.12
39	当雄站	3	978	620.14	0.81
40	达琼果站	4	1015	620.14	0.12
41	羊八林站	5	1034	620.14	—

续表

序号	站点名称	站点等级	里程/km	辐射量/(MJ/m²)	建筑面积/万 m²
42	羊八井站	4	1051	620.14	0.12
43	昂嘎站	5	1071	620.14	—
44	马乡站	5	1083	620.14	—
45	古荣站	5	1100	620.14	—
46	拉萨西站	1	1119	620.14	2.50
47	拉萨站	1	1126	620.14	2.50

从表 2.21 中可以看出，青藏铁路格—拉段总长度为 1126km，沿线平均辐射量约为 602MJ/m^2，可利用性较好。

本章对我国陆路交通基础设施的基础数据进行了分析，通过与路网系统所经过区域的光资源分布进行叠加调制，获得了更为全面的交通能源信息联合分布情况，为后续交通基础设施发电潜力评估提供了测算依据。

第 3 章　我国陆路交通系统能耗评估

本章对我国陆路交通系统的能耗情况展开评估。其中，公路系统评估范围除照明、空调、隧道通风、桥梁等非道路动力能耗外，也包括服务区内的电动汽车充电能耗；而铁路系统则重点考虑了照明、空调、隧道通风、桥梁等非牵引驱动系统的能耗情况。

3.1　我国现有陆路交通系统能耗状况

我国现有陆路交通系统能耗构成如图 3.1 所示。

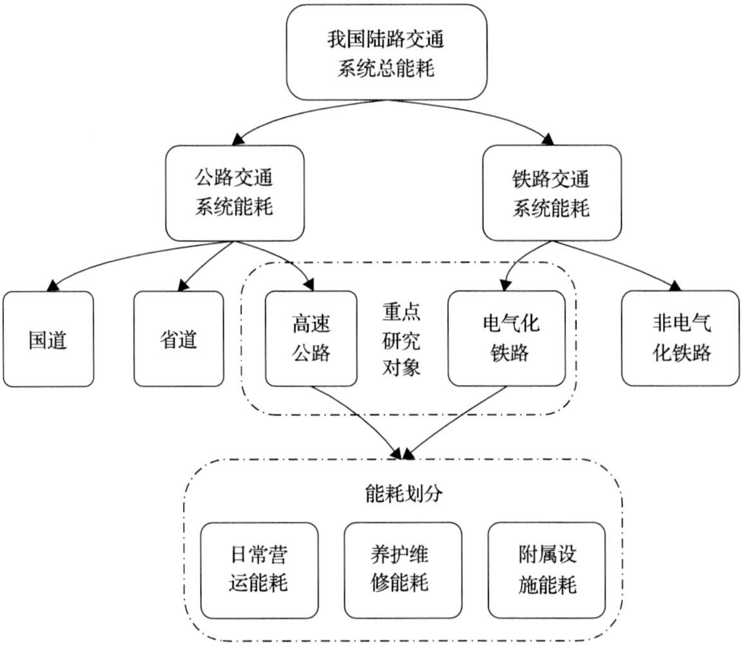

图 3.1　我国现有陆路交通系统能耗构成

3.1.1　公路交通系统能耗状况

高速公路营运期能源消耗的分类方法较多[31]，具体如下。

(1) 根据高速公路营运期能源消耗的统计范围可将其能耗分为直接能源消耗和间接能源消耗，直接能源消耗指的是日常营运过程中产生的能源消耗，以电能消耗为主；间接能源消耗主要包括由交通工具产生的能耗，主要是化石能源消耗。

(2) 根据高速公路营运期产生能耗的工作领域不同可将其能耗分为日常营运能耗、养护维修能耗、附属设施能耗三类，其中日常营运能耗包括照明、通风、监控、通信、收费、供配电等保障高速公路正常运行的能源消耗。

(3) 根据高速公路营运功能实现的载体可以分为收费站、养护中心、营运管理中心、服务区与停车区、生活区、沿线交通安全设施等的能耗，各类设施的能耗为高速公路正常运行所需的能源消耗。

(4) 从能源性质角度分析总结高速公路营运期的能耗，主要包括电能、石油、养护原料、燃气、煤、水等不同种类的能源消耗。

详细分类如表 3.1 所示。

表 3.1　高速公路营运期能源消耗构成体系

能耗设施	能耗项目	能耗设备	能耗种类
隧道	隧道照明系统	照明灯具	电
	隧道通风系统	风机	电
	隧道监控系统	监控设备	电
	隧道消防系统	消防设备	电、水
	隧道供电系统	供配电设备	电
	隧道交通安全设施	交通信号灯等	电
收费站	收费车道	收费设备	电
	收费站监控系统	监控设备	电
	收费站照明系统	照明灯具	电
	收费站供配电系统	供配电设备	电
营运管理中心	营运管理办公	办公设备	电、水、石油等
养护中心	养护工作	养护机械	石油、养护原料、水
服务区	服务区能耗	相关设备设施	电、水、柴油、燃气
	停车区能耗	相关设备设施	电、水、柴油、燃气
生活区	生活能耗	生活设备	电、水、其他
	用车能耗	交通车	石油
沿线设备	主线监控系统	监控设备	电
	主线通信系统	通信设备	电
	主线照明系统	照明灯具	电
	主线交通安全设施	照明设备等	电

本书中，高速公路交通系统的用能主要由隧道耗电、服务区及收费站耗电、沿线设备耗电、充电桩耗电及其他耗电组成。具体公式如下：

$$Q = q_1 + q_2 + q_3 + q_4 + q_5 \tag{3-1}$$

其中，Q 为一天总耗电量，kW·h；q_1 为隧道耗电，kW·h；q_2 为服务区及收费站耗电，kW·h；q_3 为沿线设备耗电，kW·h；q_4 为充电桩耗电，kW·h；q_5 为其他耗电，kW·h。

1. 负荷计算模型

1) 隧道耗电

(1) 隧道通风。隧道通风耗电的计算模型为

$$q_{1,\mathrm{wind}} = \sum_{i=1}^{n} w_{\mathrm{d},i} \cdot t_i \tag{3-2}$$

其中，$q_{1,\mathrm{wind}}$ 为隧道通风的一天总耗电量，kW·h；n 为隧道拥有的风机总数，个(台)；$w_{\mathrm{d},i}$ 为第 i 个风机的功率，kW；t_i 为第 i 个风机工作的时间，h。

根据世界各国隧道的统计数据，长度在 200m 以下，甚至 200～500m 的双向交通隧道，在一定的交通量以下可以考虑自然通风，一般可以用下列经验公式区分自然通风与机械通风。

对于双向交通(道路上车辆可双向行驶)，当

$$L \cdot N < 6 \times 10^5 \tag{3-3}$$

时采用自然通风。其中，L 为隧道长度，m；N 为设计交通流量，辆/h。

对于单向交通(道路上车辆仅能沿一个方向行驶)，当

$$L \cdot N < 2 \times 10^5 \tag{3-4}$$

时采用自然通风。

因此，短隧道一般采用自然通风，而长隧道则一般采用机械通风射流风机纵向通风方式，在隧道拱部每间隔一定距离设 2 台一组的射流风机，对于中长隧道来说，一般设置 3～5 组(6～10 台)风机，在此基础上根据式(3-2)测算中长隧道通风的年均能耗量。

(2) 隧道照明。根据《公路隧道照明设计细则》(JTG/T D70/2-01—2014)(以下简称《设计细则》)及隧道照明特点，为了保障驾驶员通过隧道时的行车安全，

需要在隧道内布设入口段、过渡段、基本段、出口段及洞外引道等的照明。下面给出基于《设计细则》对隧道内照明设施布设的要求确定的隧道照明能耗模型。

单向双交通：假定纵坡为 2%、灯具双侧对称布置、道路宽度为 9m、灯具安装高度为 5m、洞外亮度为 4000cd/m^2，详细信息如表 3.2 所示。

双向双交通：假定纵坡为 2%、灯具双侧对称布置、道路宽度为 9m、灯具安装高度为 5m、洞外亮度为 4000cd/m^2，详细信息如表 3.3 所示。

表 3.2 隧道照明能耗计算公式对照表(单向双交通)

V/(km/h)	N≤700	700<N≤2400	N>2400
40	QA=19.163L+11744 QB=38.325L+23488	QA=13.14L+12614.4 QB=26.28L+25228.8	QA=16.425L+15768 QB=32.85L+31536
60	QA=18.396L+40103 QB=36.792L+80206	QA=20.44L+57883.2 QB=40.88L+115766.4	QA=25.55L+72354 QB=51.1L+144708
80	QA=22.995L+108027 QB=45.99L+216054	QA=46L+128416.8 QB=92L+256833.6	QA=57.5L+160521 QB=115L+321042
100	QA=45.99L+271998 QB=91.98L+543996	QA=81.76L+273048.8 QB=164L+546098.4	QA=102.5L+341311 QB=205L+682623

注：V 为设计车速，km/h；N 为设计交通流量，辆/h；L 为隧道长度，m；QA 为明路面(如水泥混凝土)的年能耗，kW·h；QB 为暗路面(如沥青混凝土)的年能耗，kW·h，下同。

表 3.3 隧道照明能耗计算公式对照表(双向双交通)

V/(km/h)	N≤360	360<N≤1300	N>1300
40	QA=19.1625L+9707 QB=38.325L+19414	QA=13.14L+12140.8 QB=26.28L+24282.4	QA=16.425L+15176 QB=32.85L+30353
60	QA=18.396L+45214 QB=36.792L+90429	QA=20.44L+110990.4 QB=40.88L+221980.8	QA=25.55L+138738 QB=51.1L+277476
80	QA=22.995L+163510 QB=45.99L+327020	QA=46L+209819.2 QB=92L+419638.4	QA=57.5L+262274 QB=115L+524548
100	QA=45.99L+490161 QB=91.98L+980322	QA=81.76L+487581.6 QB=163.52L+975163.2	QA=102.2L+609477 QB=204.4L+1218954

2) 服务区耗电

服务区耗电主要包括照明耗电、餐厅耗电、空调耗电及燃气耗电、加油站耗电等。因为加油站与餐厅的能耗设备比较琐细，难以精确统计，所以选用总体类比法测算服务区耗电，即在各服务区平均用电统计基础上，将服务区一天的平均耗电量与一年天数的乘积作为其一年的能耗。

3）沿线设备耗电

高速公路沿线布设监控、通信、照明及其他交通安全设施，监控及通信设备的数量取决于路段里程长度，一般情况下不需要设置照明设施，特殊情况下的照明设施采取分类指标计算法计算其能耗。

根据高速公路主线监控及通信需求和实践经验，高速公路沿线主要能耗设备为车辆检测器与紧急电话，这部分的日能耗量为

$$q_3 = \sum_{i=1}^{n_1} w_{c,i} \cdot 24 + \sum_{j=1}^{m} w_{t,j} \cdot 24 \tag{3-5}$$

其中，q_3 为高速公路沿线设备的日能耗，kW·h；n_1 为高速公路的车辆检测器数量，个(台)；$w_{c,i}$ 为第 i 个车辆检测器功率，kW；m 为高速公路的紧急电话数量，个(台)；$w_{t,j}$ 为第 j 个紧急电话功率，kW。

4）充电桩耗电

假设在服务区修建的电动车充电桩使用率与附近城市的日负荷曲线走势保持一致，且充电桩均为快充设备(每个充电桩功率为 22kW[32])。电动汽车充电桩的使用率如表 3.4 所示。

表 3.4　电动汽车充电桩使用率

时段	使用率	时间段
峰时	高(70%～100%)	10:00～15:00 18:00～21:00
平时	一般(30%～70%)	7:00～10:00 15:00～18:00 21:00～23:00
谷时	低(10%～30%)	23:00～次日 7:00

2. 测算示例

本书以京沪高速公路(G2)为例，测算 1 月、4 月、7 月、10 月不同季节典型日的能耗情况，各月份典型日耗电曲线如图 3.2 所示，对应的典型日耗电量如表 3.5 所示。

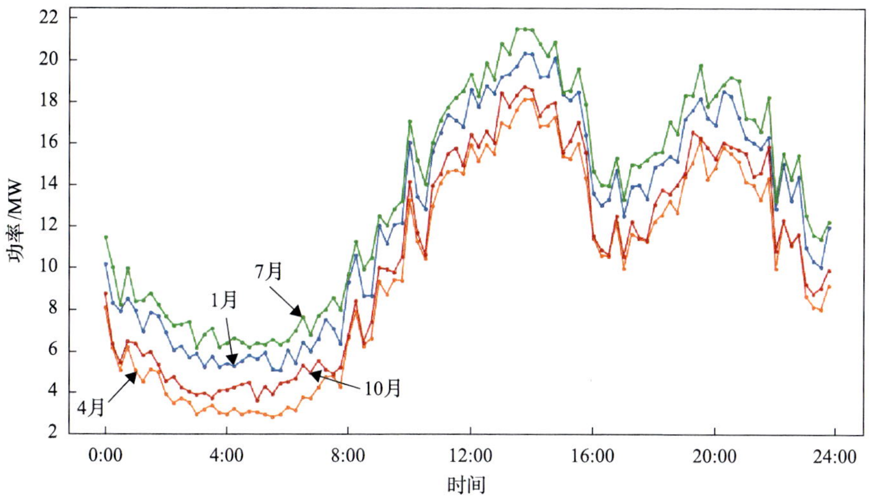

图 3.2 京沪高速公路(G2)四季典型日耗电曲线

表 3.5 京沪高速公路(G2)四季典型日耗电量

参数	1 月	4 月	7 月	10 月
日耗电量/(10MW·h)	29.63	23.77	32.07	25.52

3.1.2 铁路交通系统能耗状况

铁路系统用能设施主要包括列车、基础设施和其他服务设施。电气化区段列车运行和车载设施主要由牵引供电系统供能；非电气化区段列车运行和车载设施主要采用内燃机供能。基础设施和其他服务设施主要由电网供能或通过内燃机发电供能。

铁路系统营运期能源消耗的构成详见表 3.6[33]。

表 3.6 铁路系统营运期能源消耗构成

能耗设施	能耗项目	能耗设备	能耗种类
特大桥	大桥照明系统	照明灯具	电
	大桥通风系统	风机	电
	大桥监控系统	监控设备	电
	大桥消防系统	消防设备	电、水
	大桥供电系统	供配电设备	电
	大桥交通安全设施	交通信号灯等	电
营运管理中心	营运管理办公	办公设备	电、水、石油等

续表

能耗设施	能耗项目	能耗设备	能耗种类
养护中心	养护工作	养护机械	石油、养护原料、水
高铁站	高铁站	相关设备设施	电、水、柴油、燃气
	停车区	相关设备设施	电、水、柴油、燃气
沿线设备	主线监控系统	监控设备	电
	主线通信系统	通信设备	电
	主线照明系统	照明灯具	电
	主线交通安全设施	照明设备等	电

1. 负荷计算模型

在高铁站能耗中，空调、照明、电梯占总能耗的比重高达 85%～95%。以某中心城市高铁站为例，该站房是以铁路为主，集城市轨道、公交、出租和社会车辆等各种交通方式为一体的综合客运交通枢纽。站房采取线上式布局，总高 37m，站房综合楼总建筑面积约 12 万 m^2，其中，办公及功能房间约 7 万 m^2，候车大厅约 5 万 m^2。主体为三层，地上两层为主站房候车厅，地下一层为客流集散大厅、售票厅，主要功能房间包括候车大厅、售票大厅及办公辅房等。

大部分已营运高铁站的空调能耗占总能耗比例范围为 60%～80%。空调设备普遍采用恒定转速运行，覆盖候车室、售票厅、进站口、出站口、办公区、机房等区域。大部分已营运高铁站的照明能耗占总能耗的比重为 10%～20%。在车站营业时间内，照明设备全天候处于开启状态，覆盖站台、候车室、售票厅、进站口、出站口、办公区、机房等区域。车站照明设备的控制具有一定的随意性，未采用光亮照度传感、红外遥感、系统联网、移动检测等先进手段控制，也未实现与营业时间、列车进出站、人流密度、气候等客运业务信息的有机联动。大部分已营运高铁站的电梯能耗占总能耗的比重约为 10%。正常情况下，电梯设备全天候启动，覆盖车站进站口、出站口等候乘车关键区域。高铁站电梯设备较为先进，大部分为台阶式自动扶梯，也有部分为垂直升降机[34]。

为提高空调系统定量和定性设计的可靠性，采用 DeST 软件进行全年逐时自然室温和空调系统负荷等的模拟计算，从而为方案优化设计提供数据支持[35]。

高铁站各主要功能房间分类及参数设置情况如表 3.7 所示。

表 3.7　典型高铁站各主要功能房间分类及参数

项目	单位	候车大厅	售票大厅	办公室	贵宾候车厅
最多人数	人/m^2	0.26	0.60	0.07	0.22
人均新风量	m^3/人	20	10	30	30
最多灯光负荷	W/m^2	15	15	10	15
最多设备负荷	W/m^2	15	15	20	10

室内环境设计参数如表 3.8 所示。

表 3.8　典型高铁站室内环境设计参数

房间功能	夏季		冬季	
	温度/℃	相对湿度/%	温度/℃	相对湿度/%
候车大厅	27	65	18	40
售票大厅	27	65	18	40
办公室	26	60	20	45
贵宾候车厅	25	60	21	45

根据建筑图纸在 DeST 中建模，其参数按照表 3.7 和表 3.8 设定，经过计算后得到整个车站主要功能房间的总负荷，如表 3.9 所示。

表 3.9　各功能房间总负荷情况

季节	项目	计算结果
夏季	新风量	456000m^3/h
	新风负荷	4032kW
	室内潜热负荷	2881kW
	室内湿热负荷	12480kW
	总冷负荷	19393kW
冬季	新风量	456000m^3/h
	新风加热负荷	2036kW
	新风加湿负荷	1921kW
	室内显热负荷	8738kW
	总热负荷	12695kW

根据各功能房间能耗，可测算出高铁站总能耗。再根据其他高铁站规模大小，可分别测算出其能耗。

2. 测算示例

以京沪高铁为例，并以其 1 月、4 月、7 月、10 月中的典型日为例测算不同季节的日均耗电量，相应的典型日耗电曲线如图 3.3 所示，对应的典型日耗电量如表 3.10 所示。在夜间，高铁工务段要对线路进行检查，供电段要对供电设备(如供电网)进行检查，信号段要对信号进行检查，动车组也要回库进行检修和维护。因为高铁运行速度快，对检修要求非常高，所以检修时必须停掉双向来车，以免给检修人员带来风险。铁路系统的检修时间段称为天窗，原则上，天窗时间内不允许列车通行，高铁站在此期间通常会关站维护，只有客流量非常大的高铁站才会运行，并且进行备份。

总体上夜间能耗与白天相差很大，因此本书忽略夜间能耗[36]。

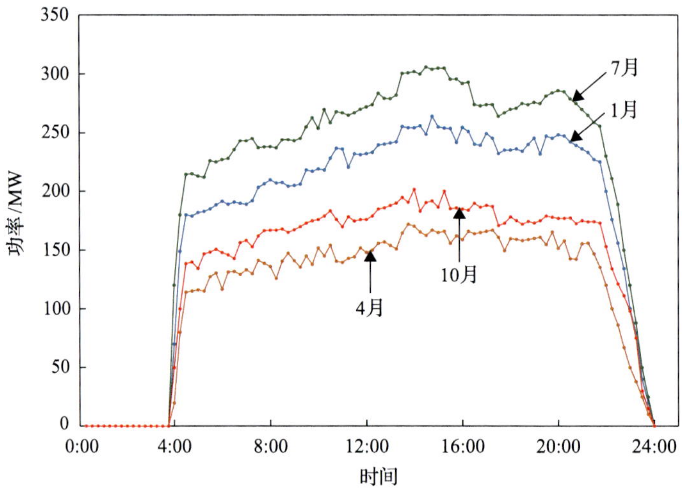

图 3.3 京沪高铁四季典型日耗电曲线

表 3.10 典型日耗电量

参数	1 月	4 月	7 月	10 月
耗电量/(10MW·h)	425	274	498	325

以 K210/K211 次列车交路和青藏铁路格-拉段为例，测算沿线车站内空调、电梯、照明、通风等的能耗。对沿线车站进行等级划分，分别将 K210/K211 次列车交路途经的 19 个车站分为三类车站，将青藏铁路格-拉段沿线的 47 个车站分为五类车站。K210/K211 次列车交路和青藏铁路格-拉段沿线不同等级车站的分类情况及年能耗分别如表 3.11、表 3.12 所示(“—”表示五类车站由于规模过小，且无常驻工作人员，能耗忽略不计)。

表 3.11　K210/K211 次列车途经不同等级车站参数

类型	站点名	年能耗/(10MW · h)
一类车站	广州，杭州	1965.3
二类车站	韶关东，南雄，赣州，鹰潭，上饶，衢州，金华，义乌，绍兴，余姚，宁波	1179.5
三类车站	丹霞山，大余，贵溪，玉山，诸暨，上虞	432.7

表 3.12　青藏铁路格-拉段沿线不同等级车站的参数

类型	站点名	年能耗/(10MW · h)
一类车站	那曲，拉萨西，拉萨	1545.1
二类车站	格尔木	1038.5
三类车站	南山口，安多，当雄	506.7
四类车站	纳赤台，玉珠峰，望昆，可可西里，风火山，沱沱河，通天河，布强格，唐古拉，扎加藏布，托居，底吾玛，岗秀，桑雄，乌玛塘，达琼果，羊八井	75.1
五类车站	甘隆，小南川，不冻泉，楚玛尔河，五道梁，秀水河，江克栋，日阿尺曲，乌丽，开心岭，塘岗，雁石坪，布玛德，唐古拉北，唐古拉南，错那湖，联通河，妥如，古露，羊八林，昂嘎，马乡，古荣	—

考虑车站能耗的季节分布特性，分别测算 K210/K211 次列车交路途经车站在 1 月、4 月、7 月、10 月四季典型日的能耗情况，如图 3.4 所示，对应的典型日耗电量如表 3.13 所示。测算得青藏铁路格-拉段途经车站在 1 月、4 月、7 月、10 月四季典型日的能耗情况如表 3.14 所示。

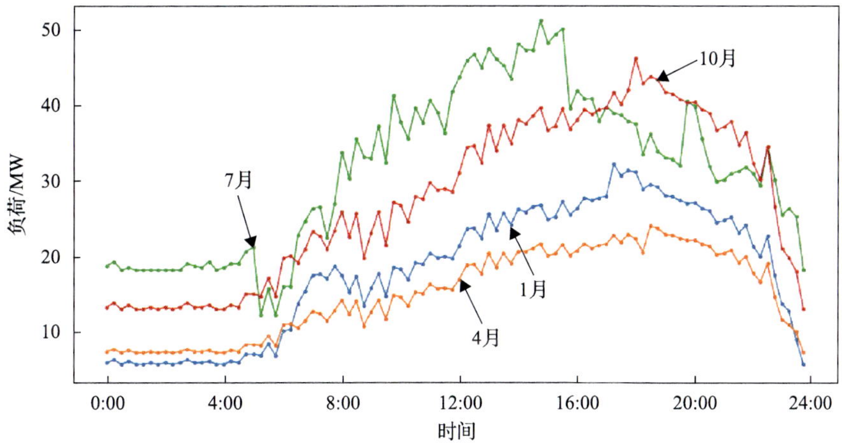

图 3.4　K210/K211 次列车交路途经车站四季典型日的耗电曲线

表 3.13　K210/K211 次列车交路途经车站典型日的耗电量

参数	1 月	4 月	7 月	10 月
耗电量/(10MW·h)	42.95	35.80	75.17	65.86

表 3.14　青藏铁路格-拉段沿线途经车站典型日的耗电量

参数	1 月	4 月	7 月	10 月
耗电量/(10MW·h)	18.64	15.53	32.62	28.58

3.2　我国陆路交通系统能耗情况测算

3.2.1　我国高速公路系统能耗情况测算

国道、省道系统为非封闭道路系统，公路系统自身能耗范围界定困难；而且国道、省道系统的道路系统照明与太阳能发电错时分布，很难较为准确地测算国道、省道系统自身新能源资产能源化开发潜力与其自身用能的经时自洽率。

鉴于上述原因，本书公路系统仅评估高速公路系统的整体新能源可利用潜力、用能情况，并基于此计算道路系统的总自洽率、经时自洽率、最大电能时移率①。具体包括：分别测算京哈高速公路(G1)、京沪高速公路(G2)、京藏高速公路(G6)及京新高速公路(G7)在 1 月、4 月、7 月、10 月典型日的耗电情况，由此推算出采样高速公路单位里程的年均典型日耗电情况，进而依据该结果测算出全国高速公路四季典型日均耗电量情况，如表 3.15 所示。

表 3.15　我国高速公路典型日均耗电量(部分公路能耗与全国总线路能耗)

(单位：10MW·h)

公路线路	1 月	4 月	7 月	10 月
京沪高速公路	29.63	23.77	32.07	25.52
京哈高速公路	25.14	19.29	27.59	21.04
京藏高速公路	29.54	22.37	32.45	24.49
京新高速公路	30.03	23.61	32.63	25.52
全国总线路	2504.95	1953.04	2732.98	2117.52

由表 3.15 可以得出，全国高速公路系统日均耗电 23271.2MW·h，全年累计耗电 8494GW·h。

① 总自洽率、经时自洽率、最大电能时移率等指标的定义与计算详见第 4 章。

3.2.2 我国铁路系统能耗情况测算

本书电气化铁路主要以京沪高铁测算结果为依据，分别测算“四纵四横”高铁在 1 月、4 月、7 月、10 月四季典型日的日均耗电情况，如表 3.16 所示。

表 3.16 高铁的典型日均耗电量 （单位：10MW·h）

铁路线路	1 月	4 月	7 月	10 月
京沪客运专线（京沪高铁）	425.00	274.00	498.00	325.00
京港客运专线（京港高铁）	655.21	437.83	767.75	501.04
京哈客运专线	566.67	378.67	664.00	433.33
杭福深客运专线	1133.33	757.33	1328.00	866.67
徐兰客运专线	513.54	343.17	601.75	392.71
沪昆客运专线	938.54	627.17	1099.75	717.71
青太客运专线	460.42	307.67	539.50	352.08
沪汉蓉客运专线	478.13	319.50	560.25	365.63
全国总线路	25500.00	17040.00	29880.00	19500.00

表 3.16 表明，全国高铁系统日耗电量平均为 230GW·h，全年累计耗电量为 83950GW·h。

对于非电气化铁路，本书以 K210/K211 次列车交路为例进行测算，该列车交路总长 1596km。截至 2018 年底，我国非电气化铁路里程达 4.07 万 km[1]，根据上述策略测算出我国非电气化铁路 1 月、4 月、7 月、10 月典型日的耗电情况如表 3.17 所示。

表 3.17 全国非电气化铁路的典型日耗电量

参数	1 月	4 月	7 月	10 月
全国总耗电量/(10MW·h)	1085	904	1898	1663

从表 3.17 可以看出，全国非电气化铁路日均能耗 13870MW·h，全国非电气化铁路全年累计耗电量为 5063GW·h。

本章构建了我国陆交通路系统的高速公路、电气化铁路、非电气化铁路系统的辅助用能评估模型，基于公开数据测算了上述陆路交通系统一年四季典型日的电能消耗情况，为后续测算道路交通系统用能、可利用发电潜力及道路系统自身用能自洽分析奠定了基础。

第4章　我国陆路交通基础设施资产能源化应用潜力评估

考虑到交通系统独有的道路、场站资源特征，且开发的新能源系统不能影响现有道路通行，本书仅评估道路系统可开发利用的太阳能发电潜力，不考虑风资源开发潜力的评估。

4.1　我国陆路交通基础设施拥有的太阳能可利用潜力分析

对于陆路交通系统中的公路系统，本书分别按照高速公路、国道、省道三类道路类型测算其太阳能可利用潜力；对于铁路系统，分别按照电气化铁路、非电气化铁路类型测算其太阳能可利用潜力。

1. 公路系统

对于高速公路，按下述三种利用方式进行评估。

方式一：保守场景测算，即在道路两侧边坡、边沟上铺设光伏设备。

方式二：一般场景测算，即在道路两侧边坡、边沟上及服务区70%的面积铺设光伏设备。

方式三：乐观场景测算，即在高速公路两侧边坡、边沟上及服务区的所有面积都铺设光伏设备；道路上方全部铺设光伏隧道。

对于国道，按下述四种利用方式进行评估。

方式一：保守场景测算，即在道路两侧各铺设0.5m的光伏设备。

方式二：一般场景测算1，即在道路两侧各铺设0.75m的光伏设备。

方式三：一般场景测算2，即在道路两侧各铺设1m的光伏设备。

方式四：乐观场景测算，即在道路两侧各铺设1m的光伏设备，道路上方全部铺设光伏隧道。

对于省道，按下述四种利用方式进行评估。

方式一：保守场景测算，即在道路两侧各铺设0.25m的光伏设备。

方式二：一般场景测算1，即在道路两侧各铺设0.5m的光伏设备。

方式三：一般场景测算2，即在道路两侧各铺设0.75m的光伏设备。

方式四：乐观场景测算，即在道路两侧各铺设0.75m的光伏设备，道路上方全部铺设光伏隧道。

2. 铁路系统

对于电气化铁路，按下述三种利用方式进行评估。

方式一：保守场景测算，即在电气化铁路沿线两侧 6m 范围内铺设光伏设备、高铁站 70%的面积铺设光伏设备。

方式二：一般场景测算，即在电气化铁路沿线两侧 10m 范围内铺设光伏设备、高铁站的全部面积都铺设光伏设备。

方式三：乐观场景测算，即在电气化铁路沿线两侧 10m 范围内铺设光伏设备、高铁站的全部建筑面积铺设光伏设备；铁路上方铺设光伏隧道。

对于非电气化铁路，按下述四种利用方式进行评估。

方式一：一般场景测算 1(双线)，即在非电气化铁路沿线两侧共铺设 10m 光伏设备。

方式二：一般场景测算 2(单线①)，即在非电气化铁路沿线两侧共铺设 10m 光伏设备。

方式三：乐观场景测算 1(双线)，即在非电气化铁路沿线两侧共铺设 10m 的光伏设备，同时轨道上方铺设宽度为 13m 的光伏隧道。

方式四：乐观场景测算 2(单线)，即在非电气化铁路沿线两侧共铺设 10m 的光伏设备，同时轨道上方铺设宽度为 7m 的光伏隧道。

4.1.1　通用发电潜力评估模型

单条路线的清洁能源发电潜力通过式(4-1)进行计算。

$$P_E = 10 \times S_E / S \tag{4-1}$$

其中，P_E 为实际装机容量，MW；S_E 为实际可利用面积，m^2；S 为建设 10MW 光伏发电站的用地面积，m^2。具体参数详见 2015 年国土资源部发布的《光伏发电站工程项目用地控制指标》[37]。

单条路线年可发电量可采用式(4-2)计算。

$$\begin{cases} p_d = \int_0^{96} p_t \, \mathrm{d}t \\ P = \sum_{d=1}^{365} p_d \end{cases} \tag{4-2}$$

① 我国非电气化铁路主要采用双线铺设方式，仅青藏铁路等少数线路采用单线铺设方式，因此本书分别对双线、单线两种不同铺设方式下的道路情况分别测算一般、乐观场景下的太阳能可利用潜力。

其中，p_d 为日可发电量，kW·h；P 为年可发电量，kW·h；p_t 为发电功率，kW，对应的采样周期为 15min。

4.1.2 我国公路系统拥有的太阳能可利用潜力评估

高速公路横断面是行车道、中央分隔带、路肩以及用地范围内的标志、照明、防护栅、植树绿化、取土坑、边沟、边坡等与地面线所围成的整个断面，其宽度决定用地和造价，主要影响通行能力和行车安全。详情如图 4.1、图 4.2 所示[38]。

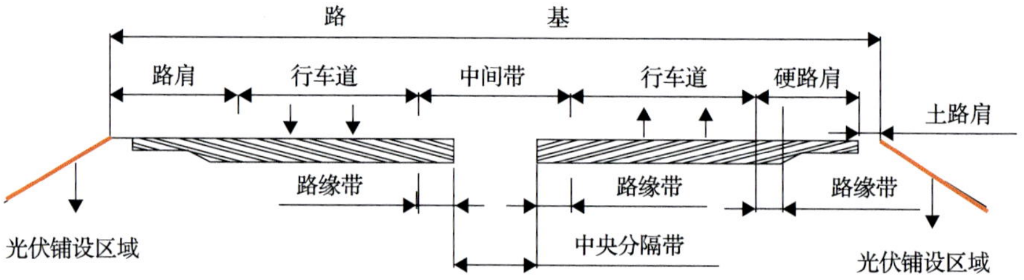

图 4.1 高速公路横断面示意图

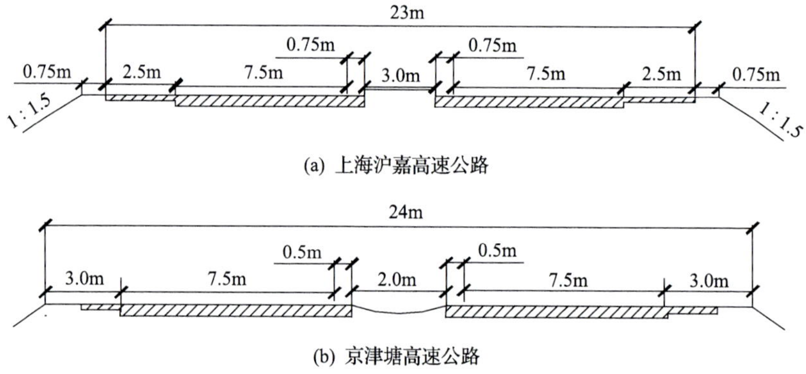

图 4.2 我国部分地区典型高速公路横断面示例图

双向四车道高速公路设计时速为 80～120km/h，路面由 4 个行车道和 2 个应急车道构成，每个车道宽度为 3.75m，路基宽度为 26m。

双向六车道高速公路设计速度为 80～120km/h，路面由 6 个行车道和 2 个应急车道构成，每个车道宽度为 3.75m，路基宽度为 33m 以上。

1) 行车道宽度

行车道宽度取决于设计车速、远景设计交通量以及大型车的混入率。而单一行车道的宽度则主要依设计车速和大型车混入率而定。由于各国设计车速的差异及大型车混入率的不同，行车道宽度一般为 3.50～3.75m。

2) 中间带

中间带是由中央分隔带及两侧路缘带组成的地带，其设置目的包括：分隔对向行车、防止对向车辆碰撞；减轻夜间车灯眩光；清晰地显示内侧边缘，引导司机视线；防止行车任意转弯调头；可用于设置防护栅、标志及绿化等。中央分隔带两侧的路缘带起着诱导视线及增加侧向余宽的作用，以提高行车速度和行车安全舒适感。

中央分隔带的宽度等于设施带宽度和侧向安全宽度 C 之和。考虑到植树与设置防护栅的需要，设施带宽度一般为 0.8m。安全宽度 C 值需考虑弯道视距、养护人员安全操作宽度、埋设地下沟管等因素，一般设定为 1.0m 左右。

3) 路肩

路肩是位于行车道外缘至路基边缘的地带，由外侧路缘带、硬路肩和保护性土路肩组成，其功能如下：

(1) 保护路面。

(2) 停置临时发生故障、事故的车辆。

(3) 提供侧向余宽、显示行车道外侧边缘、引导视线、增加行车的安全舒适性。

(4) 增加挖方弯道地段的视距。

(5) 为设置路上设施(标志、防护栅等)或埋设地下管线及养护作业提供场地。

允许故障、事故车辆临时停放时，路肩一般为 3.0m(包括外侧路缘带及硬路肩)，另有保护性土路肩宽 0.5m，则路肩总宽为 3.5m。

特殊地段(包括桥梁、高架路及隧道等)仅考虑故障车辆临时停放时路肩可采用 2.0m 的设计宽度，即外侧路缘带宽 0.75m，硬路肩宽 1.25m。

4) 边坡及边沟

边坡应保证路基稳定、行车安全及视野开阔，如图 4.3 所示[38]。按照有关规定：公路路堤高 1.5～3.0m 时边坡为 1∶4～1∶3，公路路堤高 4m 时边坡为 1∶2，路旁无障碍安全地带，应在防护栅以外至少 6～12m。

对于公路系统的评估测算，本书以高速公路为例展示测算流程，这里以京沪高速公路(G2)为例。

由第 2 章可知，道路基本参数为：可利用线路长度为 1233.4km，其中，处于光资源 II 区的线路长度为 143.6km；处于光资源III区的线路长度为 1089.8km。

若采用利用方式二，高速公路两侧沟渠宽度各 1.5m。根据道路长度与横截面可利用宽度数据，可测算出铺设面积为 370.0 万 m^2。再根据线路处于不同光资源区的长度，可测算出该条线路处于光资源 II 区的面积约为 71.8 万 m^2，光资源III区的面积约为 298.2 万 m^2。服务区可铺设面积为 141.1 万 m^2，总铺设面积共计 511.1 万 m^2。

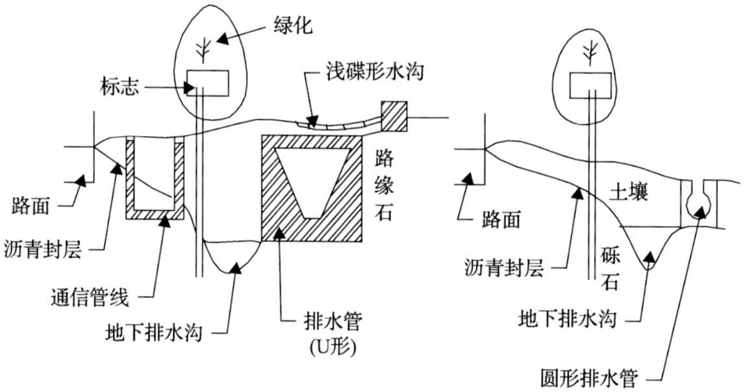

图 4.3　边坡与边沟示意图

若采用利用方式三，因为京沪高速公路大部分区间为双向四车道，所以道路宽度统一采用 26m 进行测算，则可利用面积为 3206.8 万 m^2；服务区可利用面积为 201.6 万 m^2。总的可利用面积为 3408.4 万 $m^2$①。

鉴于实际可经济利用情况，本书后续道路用能自洽分析分别采用一般场景(利用方式二)、乐观场景(利用方式三)进行评估，对京沪高速公路及全国高速公路的发电潜力、用电能耗，以及经时自洽率、总自洽率和最大电能时移率等指标进行测算评估。

1. 公路交通基础设施太阳能发电潜力

公路交通基础设施太阳能发电潜力可由式(4-1)、式(4-2)进行测算。京沪高速公路(G2)在利用方式二、利用方式三下的潜在太阳能发电可装机容量如表 4.1、

表 4.1　京沪高速公路(G2)在利用方式二下的潜在太阳能发电可装机容量

安装方式		平单轴跟踪式			斜单轴跟踪式			双轴跟踪式		
并网电压等级/kV		10	110	330	10	110	330	10	110	330
可装机容量/10MW	10%	17.2	16.5	15.5	9.9	9.6	9.3	9.1	8.8	8.5
	20%	34.4	31.3	27.9	19.7	18.6	17.4	18.1	17.2	16.1
	30%	51.3	44.7	38.1	29.5	27.2	24.6	27.0	25.1	22.9

注：(1)以北纬 35°数据为典型值进行测算，路旁面积 370.0hm²，服务区面积 141.1hm²，总面积 511.1hm²；(2)10%、20%、30%为发电效率。

① 本书中的可利用面积指可用于铺设光伏设备的潜在开发利用面积。

表 4.2 所示。本书装机容量以国土资源部 2015 年发布的《光伏发电站工程项目用地控制指标》为依据进行测算，其中，“安装方式”指不同的光伏设备安装排列方式/工作模式；“并网电压等级”指光伏输出电能升压并网外送的电压等级。

表 4.2　京沪高速公路(G2)在利用方式三下的潜在太阳能发电可装机容量

安装方式		平单轴跟踪式			斜单轴跟踪式			双轴跟踪式		
并网电压等级/kV		10	110	330	10	110	330	10	110	330
可装机容量/10MW	10%	115	110	103	66	64	62	60	59	57
	20%	229	209	186	131	124	116	121	115	107
	30%	342	298	254	196	181	164	180	167	152

注：(1) 以北纬 35°数据为典型值进行测算，路旁面积 $3206.8hm^2$，服务区面积 $201.6hm^2$，总面积 $3408.4hm^2$；
(2) 10%、20%、30%为发电效率。

2. 公路交通沿线发电量计算

本书在对发电量及相关道路用能自洽率开展测算时，采取利用方式二测算发电潜力，发电效率采用 30%，安装方式采用斜单轴跟踪式，并网电压等级采用 110kV，即此时的装机容量为 27.2MW。

利用式(4-2)对京沪高速公路(G2)沿线发电潜力进行测算。

分别以 1 月、4 月、7 月、10 月的典型日为例，测算四季典型日发电潜力，其对应的可发电功率曲线如图 4.4 所示；对应的京沪高速公路(G2)四季典型日可发电量见表 4.3。

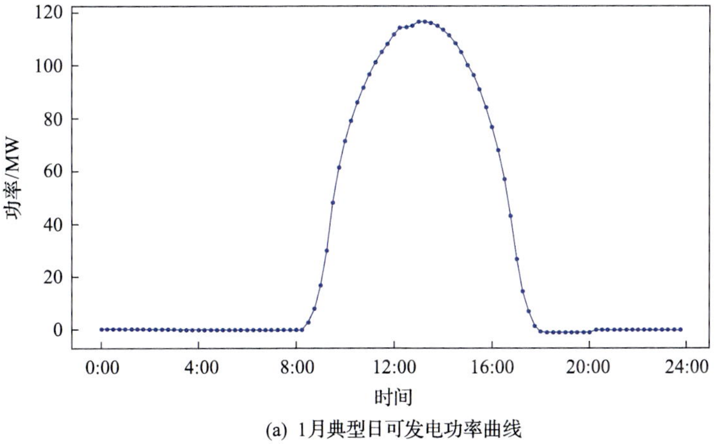

(a) 1月典型日可发电功率曲线

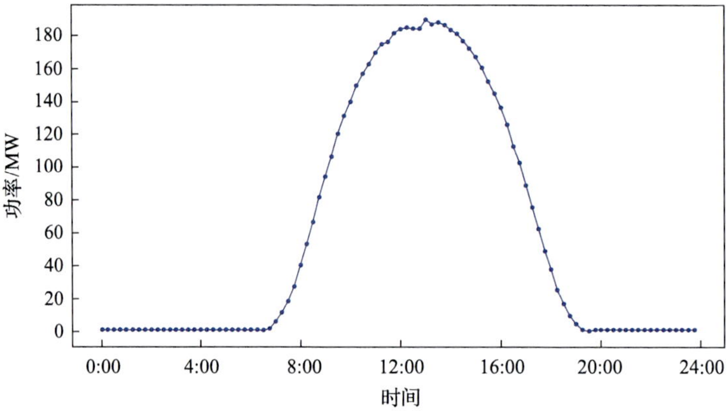

(b) 4月典型日可发电功率曲线

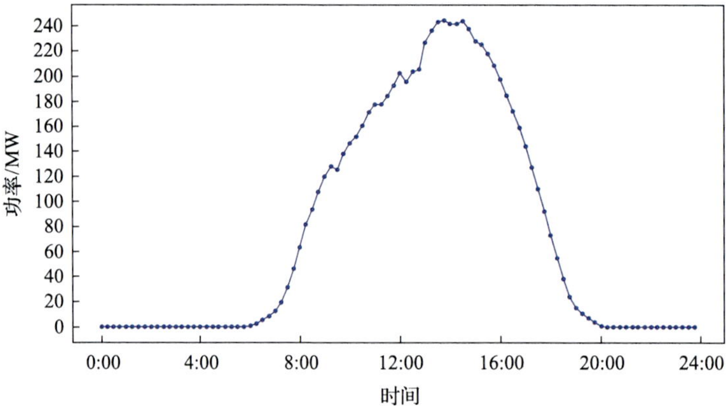

(c) 7月典型日可发电功率曲线

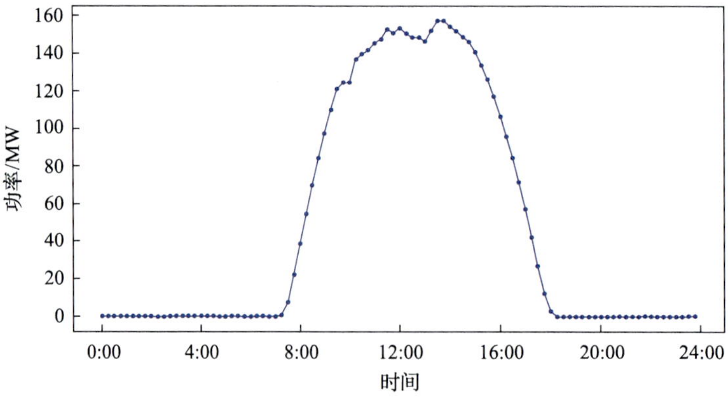

(d) 10月典型日可发电功率曲线

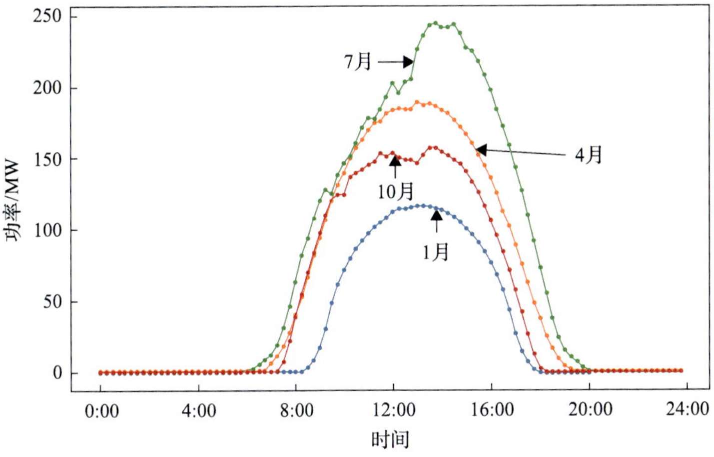

(e) 四季典型日可发电功率曲线对比图

图 4.4　京沪高速公路(G2)在利用方式二下的四季典型日可发电功率曲线

表 4.3　京沪高速公路(G2)在利用方式二下的典型日可发电量

参数	1 月	4 月	7 月	10 月
可发电量/(10MW·h)	73	144	183	117

若采用利用方式二进行测算，则全国高速公路总的潜在太阳能发电可装机容量如表 4.4 所示。当发电效率采用 30%，安装方式采用斜单轴跟踪式，并网电压等级采用 110kV 时，我国高速公路系统总的潜在太阳能发电可装机容量为 13150MW。各主要高速公路的潜在太阳能发电可装机容量详见附录 1。

表 4.4　全国高速公路系统在利用方式二下的潜在太阳能发电可装机容量

安装方式		平单轴跟踪式			斜单轴跟踪式			双轴跟踪式		
并网电压等级/kV		10	110	330	10	110	330	10	110	330
可装机容量/10MW	10%	922	883	833	494	482	467	463	453	439
	20%	1837	1684	1513	940	898	847	867	831	787
	30%	2742	2416	2078	1406	1315	1208	1290	1213	1122

注：(1) 以北纬 35°数据为典型值进行测算，总面积 29706.4hm^2；
(2) 10%、20%、30%为发电效率。

当发电效率采用 30%，安装方式采用斜单轴跟踪式，并网电压等级采用 110kV 时，京哈高速公路、京藏高速公路、京新高速公路及全国高速公路的典型日可发电量如表 4.5 所示。

由表 4.5 可知，若采用利用方式二，则我国高速公路的日可发电量最高达 142.76GW·h；年可发电量约为 25178GW·h。

表 4.5　我国高速公路系统在利用方式二下典型日可发电量　（单位：10MW·h）

高速公路	1 月	4 月	7 月	10 月
京沪高速公路	73	144	183	117
京哈高速公路	31	83	102	54
京藏高速公路	85	193	223	142
京新高速公路	58	153	195	112
全国高速公路	4774	11310	14276	8376

同理，当采用利用方式三时，京沪高速公路、京哈高速公路、京藏高速公路、京新高速公路及全国高速公路典型日的可发电量如表 4.6 所示。

表 4.6　我国高速公路系统在利用方式三下典型日可发电量　（单位：10MW·h）

高速公路	1 月	4 月	7 月	10 月
京沪高速公路	486	960	1222	781
京哈高速公路	257	700	857	455
京藏高速公路	601	1365	1575	1007
京新高速公路	441	1157	1474	842
全国高速公路	37925	87685	107635	64715

由表 4.6 可知，若采用利用方式三，则我国高速公路的日可发电量最高达 1076.35GW·h；年可发电量约为 193674GW·h。

同理，国道与省道的相关测算结果见表 4.7～表 4.16（“—”表示本书完成时尚未获取确切数据）。

表 4.7　我国国道系统可用于光伏铺设的潜在利用面积

编号	类型	名称	全长/km	潜在利用面积/hm^2（按公路两侧沟渠宽度分类）			
				利用方式一	利用方式二	利用方式三	利用方式四
G101	首都辐射	北京—承德—沈阳线	869	86.9	130.4	173.8	1738
G102		北京—山海关—沈阳—长春—哈尔滨线	1317	131.7	197.6	263.4	2634
G103		北京—天津—塘沽线	166	16.6	24.9	33.2	332
G104		北京—南京—杭州—福州线	2280	228.0	342.0	456.0	4560
G105		北京—南昌—广州—珠海线	2312	231.2	346.8	462.4	4624
G106		北京—兰考—黄冈—广州线	2422	242.2	363.3	484.4	4844
G107		北京—石家庄—郑州—武汉—广州—深圳线	2698	269.8	404.7	539.6	5396

续表

编号	类型	名称	全长/km	潜在利用面积/hm²(按公路两侧沟渠宽度分类)			
				利用方式一	利用方式二	利用方式三	利用方式四
G108	首都辐射	北京—太原—西安—成都—昆明线	3228	322.8	484.2	645.6	6456
G109	首都辐射	北京—银川—兰州—西宁—拉萨线	3846	384.6	576.9	769.2	7692
G110	首都辐射	北京—呼和浩特—银川线	1231	123.1	184.7	246.2	2462
G111	首都辐射	北京—通辽—乌兰浩特—加格达奇线	1827	182.7	274.1	365.4	3654
G112	首都辐射	北京环线	1024	102.4	153.6	204.8	2048
G201	北南纵线	鹤岗—牡丹江—大连线	1762	176.2	264.3	352.4	3524
G202	北南纵线	黑河—哈尔滨—吉林—沈阳—大连—旅顺线	1726	172.6	258.9	345.2	3452
G203	北南纵线	明水—扶余—沈阳线	710	71.0	106.5	142.0	1420
G204	北南纵线	烟台—连云港—上海线	967	96.7	145.1	193.4	1934
G205	北南纵线	山海关—淄博—南京—屯溪—深圳线	2891	289.1	433.7	578.2	5782
G206	北南纵线	烟台—徐州—合肥—景德镇—汕头线	2339	233.9	350.9	467.8	4678
G207	北南纵线	锡林浩特—张家口—长治—镇平—襄阳—常德—梧州—海安线	3405	340.5	510.8	681.0	6810
G208	北南纵线	二连浩特—集宁—太原—长治线	990	99.0	148.5	198.0	1980
G209	北南纵线	呼和浩特—三门峡—西峡—柳州—北海线	3346	334.6	501.9	669.2	6692
G210	北南纵线	包头—西安—重庆—贵阳—南宁线	3011	301.1	451.7	602.2	6022
G211	北南纵线	银川—西安线	629	62.9	94.4	125.8	1258
G212	北南纵线	兰州—广元—重庆线	1257	125.7	188.6	251.4	2514
G213	北南纵线	兰州—成都—昆明—景洪—磨憨线	2286	228.6	342.9	457.2	4572
G214	北南纵线	西宁—昌都—景洪线	3182	318.2	477.3	636.4	6364
G215	北南纵线	红柳园—敦煌—格尔木线	656	65.6	98.4	131.2	1312
G216	北南纵线	阿勒泰—乌鲁木齐—巴伦台线	864	86.4	129.6	172.8	1728
G217	北南纵线	阿勒泰—库车—和田线	1753	175.3	263.0	350.6	3506
G218	北南纵线	清水河—伊宁—库尔勒—若羌线	1123	112.3	168.5	224.6	2246

续表

编号	类型	名称	全长/km	潜在利用面积/hm²(按公路两侧沟渠宽度分类)			
				利用方式一	利用方式二	利用方式三	利用方式四
G219	北南纵线	叶城—狮泉河—拉孜线	2178	217.8	326.7	435.6	4356
G220		东营—济南—郑州线	571	57.1	85.7	114.2	1142
G221		哈尔滨—同江线	486	48.6	72.9	97.2	972
G222		哈尔滨—伊春线	327	32.7	49.1	65.4	654
G223		海口—三亚(东)线	319	31.9	47.9	63.8	638
G224		海口—三亚(中)线	296	29.6	44.4	59.2	592
G225		海口—三亚(西)线	426	42.6	63.9	85.2	852
G227		西宁—张掖线	338	33.8	50.7	67.6	676
G228		辽宁—广西线	—	—	—	—	—
G301	东西横线	绥芬河—哈尔滨—满洲里线	1303	130.3	195.5	260.6	2606
G302		珲春—图们—吉林—长春—乌兰浩特线	1007	100.7	151.1	201.4	2014
G303		集安—四平—通辽—锡林浩特线	1215	121.5	182.3	243.0	2430
G304		丹东—通辽—霍林河线	813	81.3	122.0	162.6	1626
G305		庄河—营口—北票—敖汉旗—林东线	676	67.6	101.4	135.2	1352
G306		绥中—克什克腾线	507	50.7	76.1	101.4	1014
G307		黄骅—石家庄—太原—银川线	1274	127.4	191.1	254.8	2548
G308		青岛—济南—石家庄线	637	63.7	95.6	127.4	1274
G309		荣城—济南—固原—兰州线	2198	219.8	329.7	439.6	4396
G310		连云港—徐州—郑州—西安—天水线	1222	122.2	183.3	244.4	2444
G311		徐州—许昌—西峡线	710	71.0	106.5	142.0	1420
G312		上海—南京—合肥—南阳—西安—兰州—固原—乌鲁木齐—霍尔果斯线	4451	445.1	667.7	890.2	8902
G314		乌鲁木齐—喀什—红其拉甫线	1733	173.3	260.0	346.6	3466
G315		西宁—若羌—喀什线	2921	292.1	438.2	584.2	5842
G316		福州—南昌—武汉—兰州线	2268	226.8	340.2	453.6	4536
G317		成都—那曲	2043	204.3	306.5	408.6	4086
G318		上海—武汉—成都—拉萨—聂拉木线	5476	547.6	821.4	1095.2	10952

续表

编号	类型	名称	全长/km	潜在利用面积/hm^2(按公路两侧沟渠宽度分类)			
				利用方式一	利用方式二	利用方式三	利用方式四
G319	东西横线	厦门—长沙—重庆—成都线	2453	245.3	368.0	490.6	4906
G320		上海—南昌—昆明—畹町—瑞丽线	2217	221.7	332.6	443.4	4434
G321		广州—桂林—贵阳—成都线	1612	161.2	241.8	322.4	3224
G322		衡阳—桂林—南宁—凭祥—友谊关线	880	88.0	132.0	176.0	1760
G323		瑞金—韶关—柳州—临沧线	1863	186.3	279.5	372.6	3726
G324		福州—广州—南宁—昆明线	2181	218.1	327.2	436.2	4362
G325		广州—湛江—南宁线	769	76.9	115.4	153.8	1538
G326		秀山—毕节—个旧—河口线	1054	105.4	158.1	210.8	2108
G327		连云港—固原线	1403	140.3	210.5	280.6	2806
G328		南京—扬州—南通线	197	19.7	29.6	39.4	394
G329		杭州—宁波—沈家门线	206	20.6	30.9	41.2	412
G330		温州—寿昌线	361	36.1	54.2	72.2	722
G338		上海—亚东线	4500	450.0	675.0	900.0	9000
G339		上海金山—宣城—安庆—武汉—南阳—安康—绵竹—兰州—海北藏族自治州海晏县—瓜州—吐鲁番—库尔勒—和田—帕米尔翕轕线	8500	850.0	1275.0	1700.0	17000
G340		杭州—镇康线	3300	330.0	495.0	660.0	6600
G343		温州—磨憨线	2777	277.7	416.6	555.4	5554
总计			125700	12600	18900	25200	252000

表 4.8　我国部分省道系统可用于光伏铺设的潜在利用面积

所属地区	公路里程/10^4km	潜在利用面积/万 hm^2(按公路两侧沟渠宽度分类)			
		利用方式一	利用方式二	利用方式三	利用方式四
河北省	1.150	0.0575	0.1150	0.1725	1.3973
山西省	0.857	0.0429	0.0857	0.1286	1.0413
辽宁省	0.736	0.0368	0.0736	0.1104	0.8942
吉林省	0.623	0.0312	0.0623	0.0935	0.7570
江苏省	0.951	0.0476	0.0951	0.1427	1.1555
浙江省	0.721	0.0360	0.0721	0.1081	0.8760
安徽省	1.220	0.0610	0.1220	0.1830	1.4823

续表

所属地区	公路里程/10^4km	潜在利用面积/万 hm^2(按公路两侧沟渠宽度分类)			
		利用方式一	利用方式二	利用方式三	利用方式四
福建省	0.648	0.0324	0.0648	0.0972	0.7873
江西省	0.974	0.0487	0.0974	0.1461	1.1834
山东省	1.624	0.0812	0.1624	0.2435	1.9732
河南省	1.607	0.0803	0.1607	0.2410	1.9525
湖北省	1.617	0.0809	0.1617	0.2426	1.9647
湖南省	1.438	0.0719	0.1438	0.2157	1.7472
广东省	1.318	0.0659	0.1318	0.1976	1.6014
海南省	0.184	0.0092	0.0184	0.0276	0.2236
四川省	1.980	0.0990	0.1980	0.2970	2.4057
贵州省	1.166	0.0583	0.1166	0.1750	1.4167
云南省	1.455	0.0728	0.1455	0.2183	1.7678
陕西省	1.046	0.0523	0.1046	0.1570	1.2709
甘肃省	0.854	0.0427	0.0854	0.1281	1.0376
青海省	0.485	0.0243	0.0485	0.0728	0.5893
黑龙江省	0.996	0.0498	0.0996	0.1494	1.2101
总计	37.22	1.861	3.722	5.583	28.735

表 4.9　我国国道系统在利用方式一下的潜在太阳能发电可装机容量

安装方式		平单轴跟踪式			斜单轴跟踪式			双轴跟踪式		
并网电压等级/kV		10	110	330	10	110	330	10	110	330
可装机容量/10MW	10%	426.9	406.1	381.8	243.0	236.0	229.1	222.1	218.7	211.7
	20%	846.9	770.6	687.3	486.0	458.2	426.9	444.3	423.5	395.7
	30%	1263.5	1103.8	937.2	725.5	669.9	604.0	666.4	617.9	562.3

注：(1)以北纬 35°数据为典型值进行测算，总面积 1.26 万 hm^2；

(2)10%、20%、30%为发电效率。

表 4.10　我国国道系统在利用方式二下的潜在太阳能发电可装机容量

安装方式		平单轴跟踪式			斜单轴跟踪式			双轴跟踪式		
并网电压等级/kV		10	110	330	10	110	330	10	110	330
可装机容量/10MW	10%	638.1	606.9	572.2	364.1	353.7	343.3	336.4	326.0	315.6
	20%	1269.2	1154.8	1030.0	728.3	690.1	641.6	669.3	634.6	596.5
	30%	1896.9	1654.2	1408.0	1088.9	1002.2	908.6	998.8	925.9	846.2

注：(1)以北纬 35°数据为典型值进行测算，总面积 1.89 万 hm^2；

(2)10%、20%、30%为发电效率。

表 4.11　我国国道系统在利用方式三下的潜在太阳能发电可装机容量

安装方式		平单轴跟踪式			斜单轴跟踪式			双轴跟踪式		
并网电压等级/kV		10	110	330	10	110	330	10	110	330
可装机容量/10MW	10%	850.4	812.2	763.6	486.0	472.1	458.2	447.8	437.4	420.0
	20%	1693.9	1544.6	1357.2	971.9	919.8	857.4	892.1	846.9	794.9
	30%	2530.4	2204.1	1877.9	1450.9	1339.8	1211.4	1332.9	1239.2	1128.1

注：(1) 以北纬 35°数据为典型值进行测算，总面积 2.52 万 hm^2；
(2) 10%、20%、30%为发电效率。

表 4.12　我国国道系统在利用方式四下的潜在太阳能发电可装机容量

安装方式		平单轴跟踪式			斜单轴跟踪式			双轴跟踪式		
并网电压等级/kV		10	110	330	10	110	330	10	110	330
可装机容量/10MW	10%	8263.4	7872.1	7397.3	4724.4	4593.2	4428.4	4333.2	4226.3	4084.7
	20%	16442.1	14969.8	13337.3	9417.5	8915.9	8309.9	8646.6	8219.3	7703.8
	30%	24536.0	21395.3	18209.2	14088.6	12990.2	11744.3	12933.3	12004.4	10932.7

注：(1) 以北纬 35°数据为典型值进行测算，总面积 25.12 万 hm^2；
(2) 10%、20%、30%为发电效率。

表 4.13　我国省道系统在利用方式一下的潜在太阳能发电可装机容量

安装方式		平单轴跟踪式			斜单轴跟踪式			双轴跟踪式		
并网电压等级/kV		10	110	330	10	110	330	10	110	330
可装机容量/100GW	10%	0.063	0.06	0.056	0.036	0.035	0.034	0.033	0.032	0.031
	20%	0.125	0.114	0.102	0.072	0.068	0.063	0.066	0.063	0.059
	30%	0.187	0.163	0.139	0.107	0.099	0.089	0.099	0.091	0.083

注：(1) 以北纬 35°数据为典型值进行测算，总面积 1.861 万 hm^2；
(2) 10%、20%、30%为发电效率。

表 4.14　我国省道系统在利用方式二下的潜在太阳能发电可装机容量

安装方式		平单轴跟踪式			斜单轴跟踪式			双轴跟踪式		
并网电压等级/kV		10	110	330	10	110	330	10	110	330
可装机容量/100GW	10%	0.126	0.120	0.113	0.072	0.070	0.067	0.066	0.064	0.062
	20%	0.250	0.228	0.203	0.143	0.136	0.127	0.132	0.125	0.117
	30%	0.374	0.326	0.277	0.215	0.198	0.179	0.197	0.183	0.166

注：(1) 以北纬 35°数据为典型值进行测算，总面积 3.722 万 hm^2；
(2) 10%、20%、30%为发电效率。

表 4.15　我国省道系统在利用方式三下的潜在太阳能发电可装机容量

安装方式		平单轴跟踪式			斜单轴跟踪式			双轴跟踪式		
并网电压等级/kV		10	110	330	10	110	330	10	110	330
可装机容量/100GW	10%	0.189	0.180	0.169	0.108	0.105	0.101	0.099	0.097	0.093
	20%	0.376	0.342	0.305	0.215	0.204	0.190	0.198	0.188	0.176
	30%	0.561	0.489	0.416	0.322	0.297	0.268	0.296	0.274	0.25

注：(1) 以北纬 35°数据为典型值进行测算，总面积 5.583 万 hm^2；

(2) 10%、20%、30%为发电效率。

表 4.16　我国省道系统在利用方式四下的潜在太阳能发电可装机容量

安装方式		平单轴跟踪式			斜单轴跟踪式			双轴跟踪式		
并网电压等级/kV		10	110	330	10	110	330	10	110	330
可装机容量/100GW	10%	0.939	0.895	0.841	0.537	0.522	0.503	0.493	0.480	0.464
	20%	1.870	1.702	1.516	1.071	1.014	0.945	0.983	0.934	0.876
	30%	2.790	2.432	2.070	1.602	1.477	1.335	1.470	1.364	1.243

注：(1) 以北纬 35°数据为典型值进行测算，总面积 28.7348 万 hm^2；

(2) 10%、20%、30%为发电效率。

从上述结果可以看出，当发电效率采用 30%，安装方式采用斜单轴跟踪式，并网电压等级采用 110kV 时，我国国道系统太阳能发电的可利用面积分别为 1.26 万 hm^2、1.89 万 hm^2、2.52 万 hm^2、25.12 万 hm^2，总可装机容量分别为 6699MW、10022MW、13398MW、129902MW；我国省道系统太阳能发电的可利用面积分别为 1.861 万 hm^2、3.722 万 hm^2、5.583 万 hm^2、28.7348 万 hm^2，可装机总容量分别为 9.9GW、19.8GW、29.7GW、147.7GW。

4.1.3　我国铁路系统拥有的太阳能可利用潜力评估

对于陆路交通系统中的铁路系统，本书分别按照电气化铁路、非电气化铁路类型测算其太阳能可利用潜力。

我国《铁路安全管理条例》第二十七条对铁路道路两侧控制线规定如下[39]：“铁路线路两侧应当设立铁路线路安全保护区。铁路线路安全保护区的范围，从铁路线路路堤坡脚、路堑坡顶或者铁路桥梁(含铁路、道路两用桥，下同)外侧起向外的距离分别为：

(一)城市市区高速铁路为 10m，其他铁路为 8m。

(二)城市郊区居民居住区高速铁路为 12m，其他铁路为 10m。

(三)村镇居民居住区高速铁路为 15m，其他铁路为 12m。

(四)其他地区高速铁路为 20m，其他铁路为 15m。”

由 4.1 节可知，本书对于高铁系统的太阳能发电潜力主要按照保守场景、一般场景、乐观场景三种利用方式进行测算；对于非电气化铁路的太阳能发电潜力主要按照一般场景 1(双线)、一般场景 2(单线)、乐观场景 1(双线)、乐观场景 2(单线)四种利用方式进行测算。

目前我国以高铁为代表的电气化铁路道路横断面如图 4.5 所示[40]。

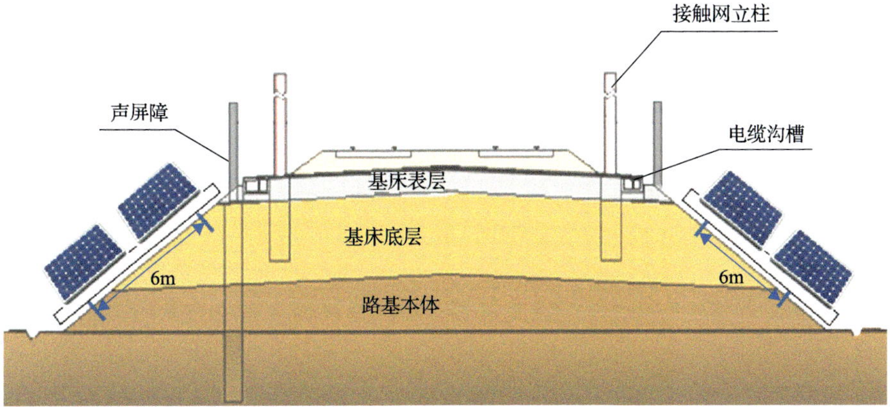

图 4.5 高铁横断面示意图

对于电气化铁路，以京沪高铁为例，若采用利用方式一，可利用面积包括路旁面积 575hm^2、高铁站面积 100hm^2，总利用面积为 675hm^2；若采用利用方式二，可利用面积包括路旁面积 921hm^2、高铁站面积 144hm^2，总利用面积为 1065hm^2；若采用利用方式三，总利用面积为 1986hm^2。

若采用利用方式二对全国高铁线路进行测算，则总利用面积为 22941hm^2，即 229.41km^2。

非电气化铁路单线路基横断面和双线路基横断面示意图分别如图 4.6[41]、图 4.7[40]所示。

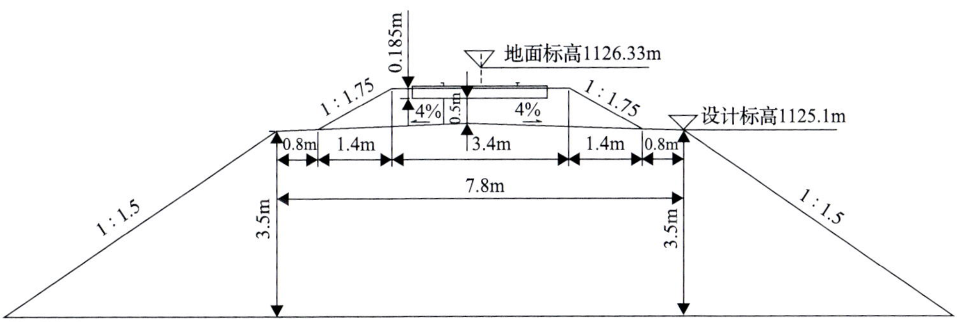

图 4.6 非电气化铁路单线路基横断面示意图

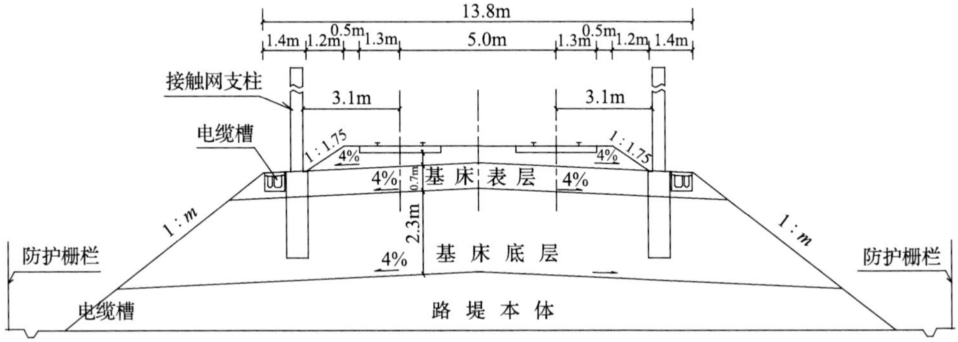

图 4.7　非电气化铁路双线路基横断面示意图

本书中非电气化铁路光伏设备可铺设位置为道床两侧的边坡、沿线站点的建筑物屋顶及路基面上方的光伏隧道。根据道路的设计标准，单线边坡可铺设距离为 12.4m，光伏隧道宽度为 7.8m，双线边坡可铺设距离为 12.4m，光伏隧道宽度为 13.8m。考虑到安全因素，本书对单线进行测算时，边坡可铺设距离选取 10m，光伏隧道宽度选取 7m；对双线进行测算时，边坡可铺设距离选取 10m，光伏隧道宽度选取 13m。

以 K210/K211 次列车交路覆盖的线路为例，说明双线线路可利用的太阳能发电潜力测算及道路用能自洽分析方法。

若采用利用方式一，可利用面积包括双线铁路道路两侧各 5m 区域、车站建筑屋顶上方区域，总计可利用面积为 16.35km^2。

若采用利用方式三，铁路建设方式为双线轨道，在轨道两侧各铺设 5m 的光伏设备，同时在轨道上方建设光伏隧道，并且在各站点建筑屋顶铺设光伏设备，总计可铺设面积为 37.10km^2。

以青藏铁路格-拉段为例，说明单线线路可利用的太阳能发电潜力测算及道路用能自洽分析方法。

若采用利用方式二，铁路建设方式为单线轨道，在两条轨道两侧各铺设 5m 的光伏设备，并且在各个站点建筑屋顶铺设光伏设备，总计可铺设面积为 11.40km^2。

若采用利用方式四，铁路建设方式为单线轨道，在轨道两侧各铺设 5m 的光伏设备，同时在轨道上方建设光伏隧道，并且在各站点建筑屋顶铺设光伏设备，总计可铺设面积为 19.28km^2。

1. 铁路交通基础设施发电潜力评估

铁路交通沿线基础设施的清洁能源发电潜力在选取利用方式一时，根据式(4-1)进行测算，京沪高铁的潜在太阳能发电可装机容量如表 4.17 所示；利用方式二下的潜在太阳能发电可装机容量如表 4.18 所示；利用方式三下的潜在太阳能发电可装机容量如表 4.19 所示。我国高铁在利用方式二下总的潜在太阳能发电可装机容量如表 4.20 所示。

表 4.17　京沪高铁在利用方式一下的潜在太阳能发电可装机容量

安装方式		平单轴跟踪式			斜单轴跟踪式			双轴跟踪式		
并网电压等级/kV		10	110	330	10	110	330	10	110	330
可装机容量/10MW	10%	24	23	21	14	13	12	13	12	11
	20%	48	43	38	27	26	24	25	24	22
	30%	71	62	52	41	38	34	37	34	32

注：(1) 以北纬 35°数据为典型值进行测算，路旁面积 575hm^2，高铁站面积 100hm^2，总利用面积 675hm^2；
(2) 10%、20%、30%为发电效率。

表 4.18　京沪高铁在利用方式二下的潜在太阳能发电可装机容量

安装方式		平单轴跟踪式			斜单轴跟踪式			双轴跟踪式		
并网电压等级/kV		10	110	330	10	110	330	10	110	330
可装机容量/10MW	10%	36	34	32	21	20	19	19	18	18
	20%	72	65	58	41	39	36	38	36	34
	30%	145	123	99	61	57	51	56	52	48

注：(1) 以北纬 35°数据为典型值进行测算，路旁面积 921hm^2，高铁站面积 144hm^2，总利用面积 1065hm^2；
(2) 10%、20%、30%为发电效率。

表 4.19　京沪高铁在利用方式三下的潜在太阳能发电可装机容量

安装方式		平单轴跟踪式			斜单轴跟踪式			双轴跟踪式		
并网电压等级/kV		10	110	330	10	110	330	10	110	330
可装机容量/10MW	10%	66	63	60	37	36	38	34	35	33
	20%	132	121	107	75	72	67	69	66	61
	30%	199	173	146	113	105	94	104	96	88

注：(1) 以北纬 35°数据为典型值进行测算，总利用面积 1986hm^2；
(2) 10%、20%、30%为发电效率。

表 4.20　我国高铁在利用方式二下的潜在太阳能发电可装机容量

安装方式		平单轴跟踪式			斜单轴跟踪式			双轴跟踪式		
并网电压等级/kV		10	110	330	10	110	330	10	110	330
可装机容量/10MW	10%	774	731	688	451	430	408	408	387	387
	20%	1548	1397	1247	882	839	774	817	774	731
	30%	2300	1999	1699	1312	1226	1096	1204	1118	1032

注：(1) 以北纬 35°数据为典型值进行测算，路旁面积 19341hm^2，高铁站面积 3600hm^2，总利用面积 22941hm^2；
(2) 10%、20%、30%为发电效率。

同理，分别使用利用方式一和利用方式三对 K210/K211 列车交路覆盖的线路进行测算，其沿线潜在太阳能发电可装机容量分别如表 4.21、表 4.22 所示。使用利用方式二和利用方式四对青藏铁路格-拉段进行测算，其沿线潜在太阳能发电可装机容量分别如表 4.23、表 4.24 所示。

表 4.21　K210/K211 次列车交路在利用方式一下的潜在太阳能发电可装机容量

安装方式		平单轴跟踪式			斜单轴跟踪式			双轴跟踪式		
并网电压等级/kV		10	110	330	10	110	330	10	110	330
可装机容量/10MW	10%	52	50	47	38	37	35	35	34	33
	20%	104	96	86	76	71	65	70	65	61
	30%	156	137	117	113	103	91	104	95	85

注：(1) 以北纬 25°数据为典型值进行测算，总可利用面积 1635hm^2；

(2) 10%、20%、30%为发电效率。

表 4.22　K210/K211 次列车交路在利用方式三下的潜在太阳能发电可装机容量

安装方式		平单轴跟踪式			斜单轴跟踪式			双轴跟踪式		
并网电压等级/kV		10	110	330	10	110	330	10	110	330
可装机容量/10MW	10%	119	114	107	86	83	80	79	77	74
	20%	237	217	194	172	161	148	158	148	137
	30%	354	310	266	257	233	207	236	216	193

注：(1) 以北纬 25°数据为典型值进行测算，总可利用面积 3710hm^2；

(2) 10%、20%、30%为发电效率。

表 4.23　青藏铁路格-拉段在利用方式二下的潜在太阳能发电可装机容量

安装方式		平单轴跟踪式			斜单轴跟踪式			双轴跟踪式		
并网电压等级/kV		10	110	330	10	110	330	10	110	330
可装机容量/10MW	10%	33.4	32.0	30.3	21.7	21.1	20.4	19.9	19.4	18.8
	20%	66.5	61.3	55.3	43.3	41.0	38.3	39.7	37.8	35.5
	30%	99.3	92.6	88.1	64.8	59.8	54.1	59.5	55.2	50.4

注：(1) 以北纬 30°数据为典型值进行测算，总可利用面积 1140hm^2；

(2) 10%、20%、30%为发电效率。

表 4.24　青藏铁路格-拉段在利用方式四下的潜在太阳能发电可装机容量

安装方式		平单轴跟踪式			斜单轴跟踪式			双轴跟踪式		
并网电压等级/kV		10	110	330	10	110	330	10	110	330
可装机容量/10MW	10%	56	54	51	37	36	34	34	33	32
	20%	112	104	94	73	69	65	67	64	60
	30%	168	157	149	110	101	92	101	93	85

注：(1) 以北纬 30°数据为典型值进行测算，总可利用面积 1928hm^2；

(2) 10%、20%、30%为发电效率。

2. 铁路交通沿线发电量计算

对京沪高铁的潜在太阳能发电可装机容量进行测算时，发电效率采用 30%，安装方式采用平单轴跟踪式，并网电压等级采用 110kV，并采用利用方式二，则其 1 月、4 月、7 月、10 月的典型日可发电功率曲线如图 4.8 所示。

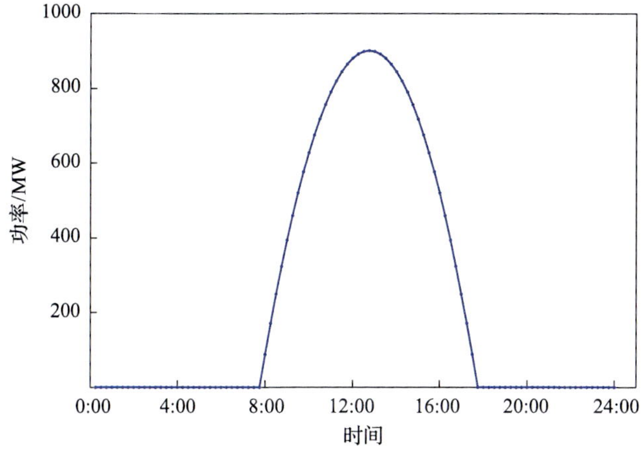

(a) 1月典型日可发电功率曲线

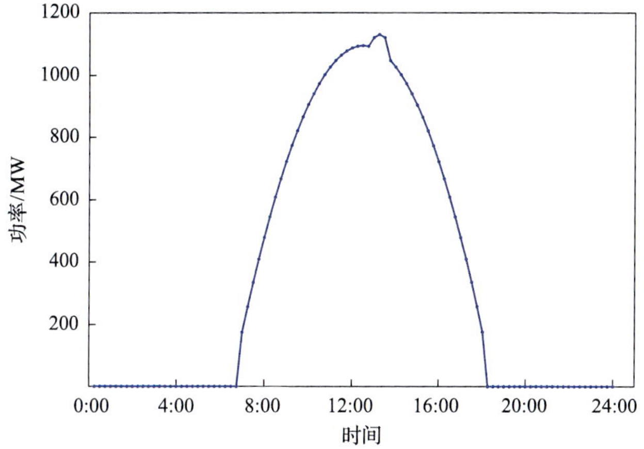

(b) 4月典型日可发电功率曲线

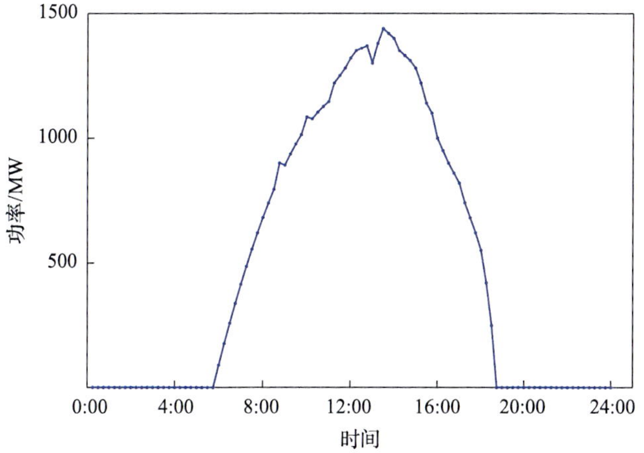

(c) 7月典型日可发电功率曲线

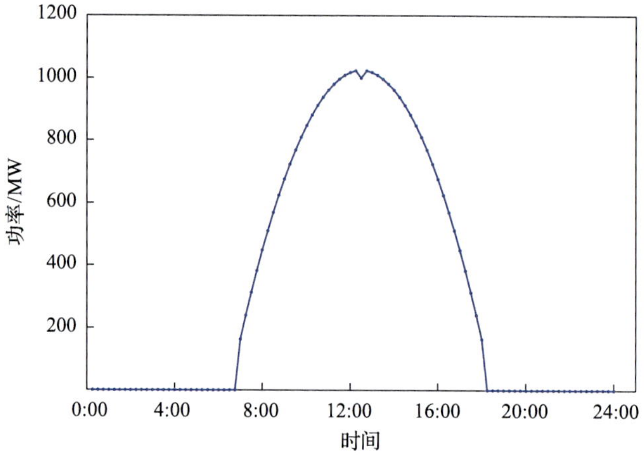

(d) 10月典型日可发电功率曲线

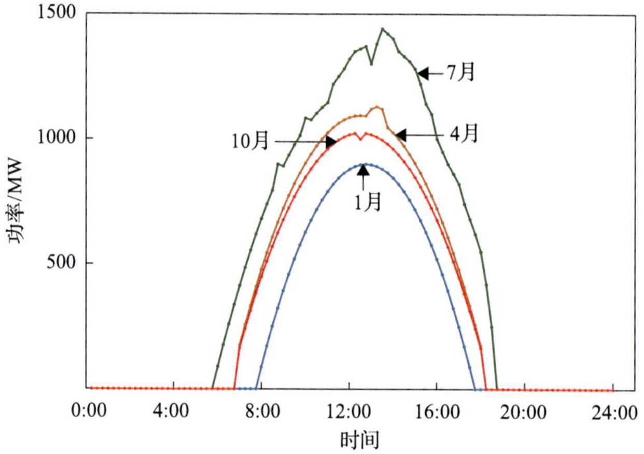

(e) 四季典型日可发电功率曲线对比图

图 4.8　京沪高铁在利用方式二下的四季典型日可发电功率曲线

若采用利用方式二，则京沪高铁典型日可发电量如表 4.25 所示。

表 4.25　京沪高铁在利用方式二下的典型日可发电量

参数	1 月	4 月	7 月	10 月
可发电量/(10MW·h)	599	874	1200	815

同理，若采用利用方式三，则京沪高铁典型日可发电量见表 4.26。

表 4.26　京沪高铁在利用方式三下的典型日可发电量

参数	1 月	4 月	7 月	10 月
可发电量/(10MW·h)	659	961	1320	897

依据京沪高铁日可发电量的测算，可得其余“四纵四横”各高铁沿线基础设

施的可发电潜力以及全国电气化铁路基础设施的可发电潜力总量，如表4.27所示。

表 4.27　“四纵四横”和全国电气化铁路在利用方式二下的典型日可发电量　（单位：100GW·h）

铁路线	1月	4月	7月	10月
京沪高铁	0.0599	0.0874	0.1200	0.0815
京港客运专线	0.1182	0.1725	0.2369	0.1609
京哈客运专线	0.0635	0.0926	0.1272	0.0864
杭福深客运专线	0.0749	0.1093	0.1501	0.1019
徐兰客运专线	0.0720	0.1050	0.1442	0.0979
沪昆客运专线	0.1096	0.1599	0.2196	0.1491
青太客运专线	0.0414	0.0604	0.0830	0.0563
沪汉蓉客运专线	0.0966	0.1409	0.1935	0.1314
全国电气化铁路	3.9534	5.7684	7.9200	5.3790

由表 4.27 可知，若采用利用方式二，则我国电气化铁路的日可发电量最高达792GW·h；年可发电量约为 170316.3GW·h。

若采用利用方式三，“四纵四横”和全国电气化铁路的典型日可发电潜力如表 4.28 所示。

表 4.28　“四纵四横”和全国电气化铁路在利用方式三下的典型日可发电量　（单位：100GW·h）

铁路线	1月	4月	7月	10月
京沪高铁	0.0659	0.0961	0.1320	0.0897
京港客运专线	0.2216	0.3233	0.4439	0.3015
京哈客运专线	0.0610	0.0889	0.1221	0.0829
杭福深客运专线	0.0862	0.1258	0.1727	0.1173
徐兰客运专线	0.0793	0.1156	0.1588	0.1078
沪昆客运专线	0.1896	0.2766	0.3798	0.2579
青太客运专线	0.0245	0.0357	0.0491	0.0333
沪汉蓉客运专线	0.1461	0.2131	0.2926	0.1987
全国电气化铁路	4.3494	6.3426	8.7120	5.9202

由表 4.28 可知，若采用利用方式三，则全国电气化铁路的日可发电量最高达871.2GW·h；年可发电量约为 274746.5GW·h。

同理，以 K210/K211 次列车交路为例，测算全国非电气化铁路基础设施的发电潜力。

由于我国大多数非电气化铁路的轨道铺设方式为双线，本书分别选用利用方式一和利用方式三进行计算。利用方式一对应的可装机容量为 710MW，利用方式三对应的可装机容量为 1610MW。以 K210/K211 次列车交路为例，分别对其在利用方式一和利用方式三下的典型月可发电量进行测算，如表 4.29 和表 4.30 所示。

表 4.29　K210/K211 次列车交路在利用方式一、发电效率为 20%时典型月可发电量

参数	1 月	4 月	7 月	10 月
可发电量/(100GW · h)	0.612	0.867	1.530	1.226

表 4.30　K210/K211 次列车交路在利用方式三、发电效率为 20%时典型月可发电量

参数	1 月	4 月	7 月	10 月
可发电量/(100GW · h)	1.388	1.967	3.472	2.781

以 1 月、4 月、7 月、10 月典型日为例，可测算出四季典型日的可发电量。利用方式一的四季典型日可发电功率曲线如图 4.9 所示。利用方式三的四季典型日可发电功率曲线如图 4.10 所示。

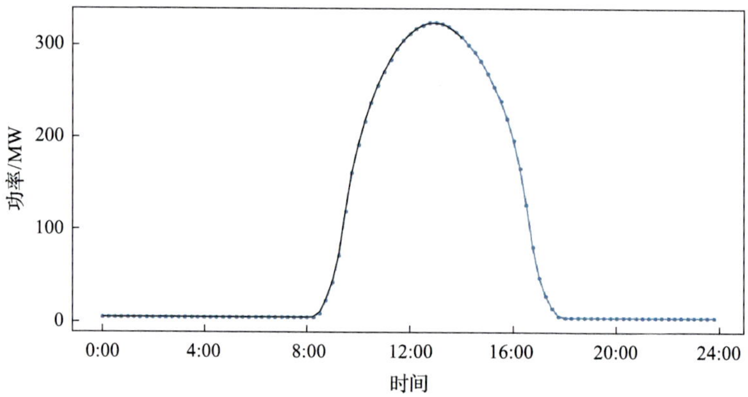

(a) 1月典型日可发电功率曲线

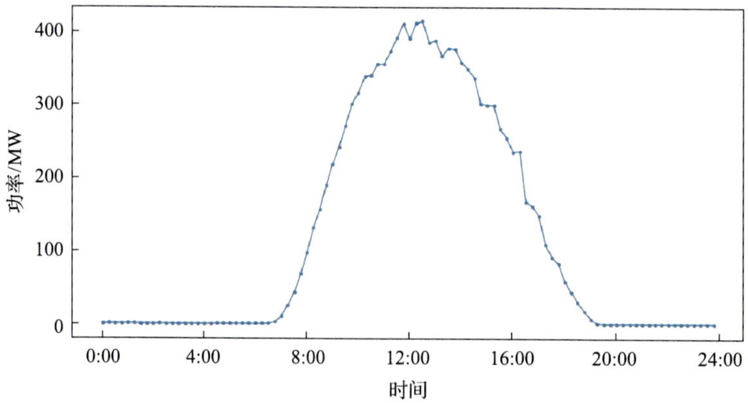

(b) 4月典型日可发电功率曲线

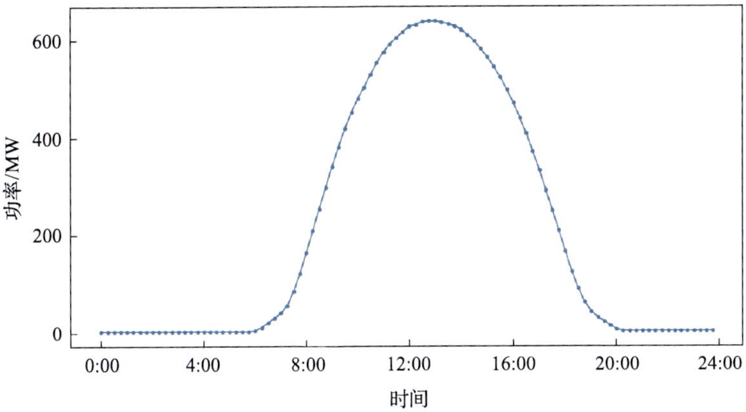

(c) 7月典型日可发电功率曲线

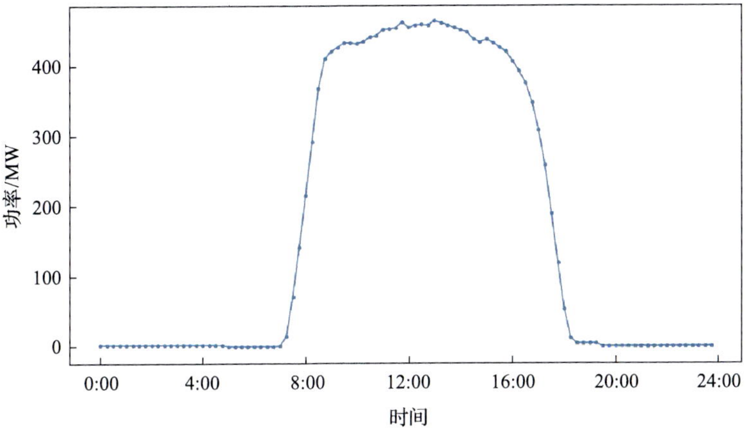

(d) 10月典型日可发电功率曲线

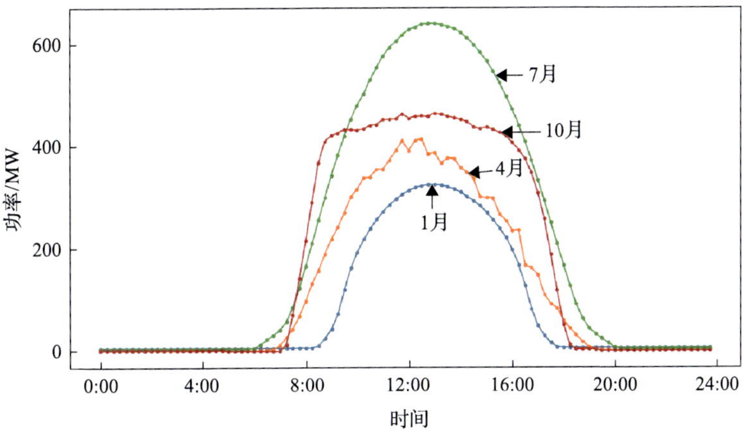

(e) 四季典型日可发电功率曲线对比图

图 4.9　K210/K211 次列车交路在利用方式一下四季典型日可发电功率曲线

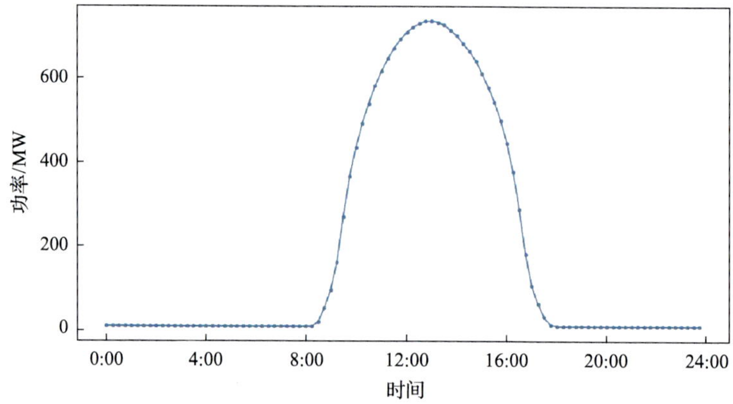

(a) 1月典型日可发电功率曲线

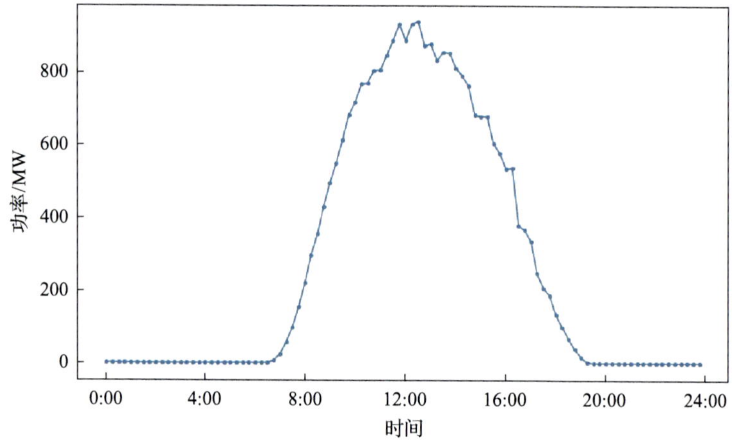

(b) 4月典型日可发电功率曲线

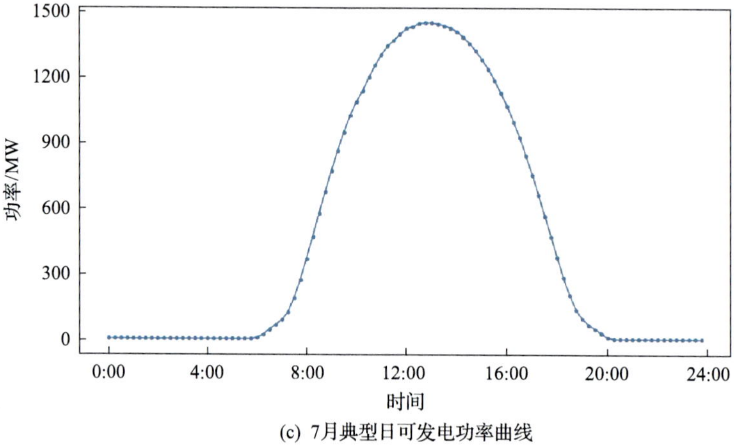

(c) 7月典型日可发电功率曲线

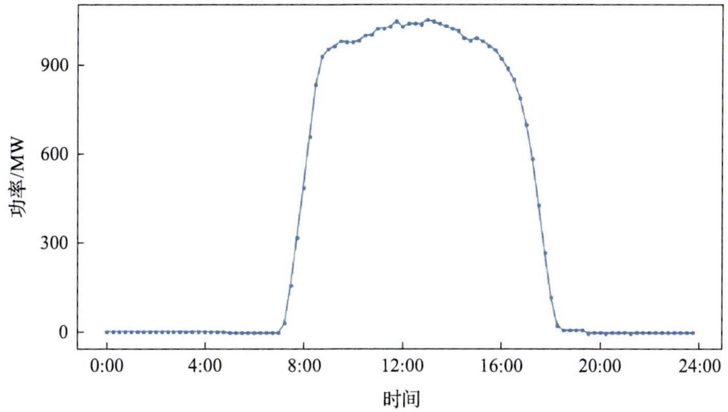

(d) 10月典型日可发电功率曲线

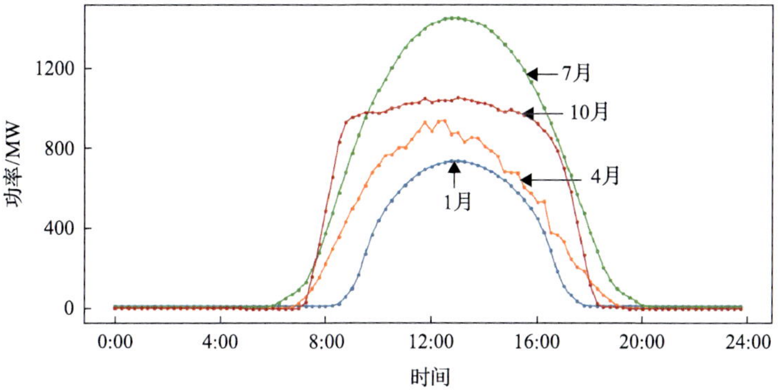

(e) 四季典型日可发电功率曲线对比图

图 4.10　K210/K211 次列车交路在利用方式三下四季典型日可发电功率曲线

由表 2.20 可知，非电气化铁路 K210/K211 次列车交路全程 1596km。截至 2018 年底，全国非电气化铁路总里程数为 4.07 万 km。下面采用利用方式一、利用方式三对全国非电气化铁路总的可发电潜力进行测算。

若采用利用方式一，利用上述测算方法可得到全国非电气化铁路总的潜在太阳能发电可装机容量，如表 4.31 所示。当发电效率采用 20%，安装方式采用斜单轴跟踪式，并网电压等级采用 110kV 时，我国非电气化铁路总的潜在太阳能发电可装机容量为 18GW。

表 4.31　我国非电气化铁路在利用方式一下的潜在太阳能发电可装机容量

安装方式		平单轴跟踪式			斜单轴跟踪式			双轴跟踪式		
并网电压等级/kV		10	110	330	10	110	330	10	110	330
可装机容量/100GW	10%	0.133	0.127	0.120	0.097	0.093	0.089	0.089	0.086	0.083
	20%	0.266	0.243	0.218	0.193	0.180	0.166	0.177	0.166	0.154
	30%	0.396	0.348	0.298	0.288	0.261	0.232	0.264	0.242	0.217

注：(1) 以北纬 25°数据为典型值进行测算：铺设总面积 41593hm^2

(2) 10%、20%、30%为发电效率

当发电效率采用 20%，安装方式采用斜单轴跟踪式，并网电压等级采用 110kV，全国非电气化铁路典型日可发电量如表 4.32 所示。

表 4.32　全国非电气化铁路在利用方式一下的典型日可发电量

参数	1 月	4 月	7 月	10 月
可发电量/(100GW · h)	0.520	0.737	1.301	1.042

由表 4.32 可知，若采用利用方式一对全国非电气化铁路系统的太阳能发电潜力进行开发，则其日可发电量最高达 130.1GW · h；年可发电量约为 12820GW · h。

同理，当采用利用方式三时，全国非电气化铁路的典型日可发电量如表 4.33 所示。

表 4.33　全国非电气化铁路在利用方式三下的典型日可发电量

参数	1 月	4 月	7 月	10 月
可发电量/(100GW · h)	1.180	1.672	2.951	2.364

由表 4.33 可知，若采用利用方式三对全国非电气化铁路系统的太阳能发电潜力进行开发，则其日可发电量最高达 295.1GW · h；年可发电量约为 29087GW · h。

同理，对青藏铁路格-拉段进行基础设施发电潜力测算。由于青藏铁路格-拉段非电气化铁路的轨道铺设方式为单线，本书分别选用利用方式二和利用方式四进行测算。利用方式二对应的潜在太阳能发电可装机容量为 410.2MW，利用方式四对应的潜在太阳能发电可装机容量为 693.9MW。分别测算利用方式二和利用方式四下青藏铁路格-拉段的典型日可发电量，结果如表 4.34 和表 4.35 所示。

表 4.34　青藏铁路格-拉段在利用方式二、发电效率为 20%时的典型日可发电量

参数	1 月	4 月	7 月	10 月
可发电量/(10MW · h)	156.0	249.0	295.1	273.4

表 4.35　青藏铁路格-拉段在利用方式四、发电效率为 20%时的典型日可发电量

参数	1 月	4 月	7 月	10 月
可发电量/(10MW · h)	263.9	421.2	499.2	462.5

由表 4.34 可知，若采用利用方式二对青藏铁路格-拉段的太阳能发电潜力进行开发，则其日可发电量最高达 2951MW · h；年可发电量约为 767.3GW · h。

由表 4.35 可知，若采用利用方式四对青藏铁路格-拉段的太阳能发电潜力进行开发，则其日可发电量最高达 4992MW · h；年可发电量约为 1297.9GW · h。

4.2　我国陆路交通系统年运行耗电量估算

4.2.1　我国公路系统年运行耗电量估算

从第 3 章的分析结果可知，京沪高速公路等代表性高速公路以及全国总线路的典型日耗电量如表 4.36 所示。

表 4.36　我国高速公路的典型日耗电量　（单位：10MW·h）

公路线路	1 月	4 月	7 月	10 月
京沪高速公路	29.63	23.77	32.07	25.52
京哈高速公路	25.14	19.29	27.59	21.04
京藏高速公路	29.54	22.37	32.45	24.49
京新高速公路	30.03	23.61	32.63	25.52
全国总线路	2504.95	1953.04	2732.98	2117.52

由表 4.36 可知，我国高速公路系统日耗电量平均为 23271.2MW·h，全年累计耗电量为 8494GW·h。

4.2.2　我国铁路系统年运行耗电量估算

京沪客运专线等代表性高铁以及全国总线路的典型日耗电量如表 4.37 所示。

表 4.37　我国高铁的典型日耗电量　（单位：100GW·h）

高铁线路	1 月	4 月	7 月	10 月
京沪客运专线	0.0425	0.0284	0.0498	0.0325
京港客运专线	0.0655	0.0438	0.0768	0.0501
京哈客运专线	0.0567	0.0379	0.0664	0.0433
杭福深客运专线	0.1133	0.0757	0.1328	0.0867
徐兰客运专线	0.0514	0.0343	0.0602	0.0393
沪昆客运专线	0.0939	0.0627	0.1100	0.0718
青太客运专线	0.0460	0.0308	0.0540	0.0352
沪汉蓉客运专线	0.0478	0.0320	0.0560	0.0366
全国总线路	2.5500	1.7040	2.9880	1.9500

由表 4.37 可知，我国高铁系统日均耗电量为 230GW·h，全年累计耗电量约为 83950GW·h。

由 3.2.2 节可知，全国非电气化铁路日均耗电 13.87GW·h，全国非电气化铁路全年总耗电约为 5063GW·h。

4.3 我国陆路交通系统用能自洽分析

4.3.1 评价指标体系

为全面客观地对道路自身新能源开发潜力，交通系统用能自洽，交通系统新能源开发利用的时间、空间电能转移需求等开展评估，本书以某交通线路典型日的发电曲线为例，定义道路交通系统用能、潜在开发利用的自洽率(包括经时自洽率和总自洽率)、电能时移率等评价指标，如图 4.11 所示。

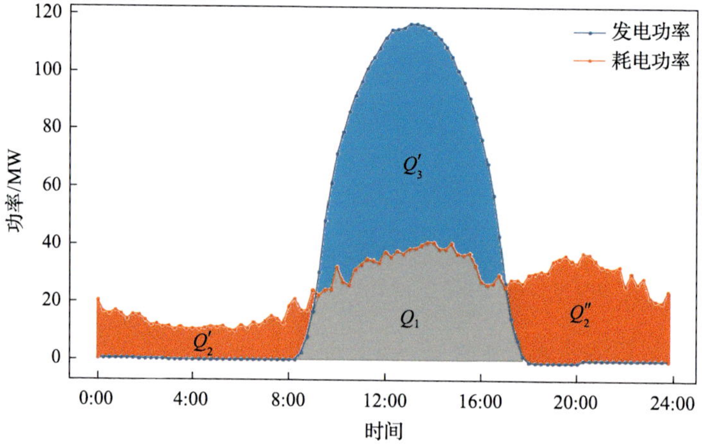

图 4.11 某交通线路典型日潜在太阳能发电可装机容量、道路系统用电组成的结构示意图

图 4.11 中，Q_1 是该线路利用光伏设备发电后，不借助电网输送、储能供电等方式，即可实现完全自主、即发即用、自给供电的电量；$Q_2 = Q_1 + Q_2' + Q_2''$ 是该线路典型日的总耗电量，Q_2' 和 Q_2'' 为非光伏发电时间内的能耗；$Q_3 = Q_1 + Q_3'$ 是该线路在典型日利用光伏设备可提供的最大发电量，Q_3' 为光伏发电后无法直接就地消纳的电量。

定义 4.1 经时自洽率是指该条线路在不借助电网输送、储能等方式下，由其自身基础设施太阳能发电满足用能需求的比例。由图 4.11 可知，单条线路的经时自洽率 η 可由式(4-3)计算：

$$\eta = Q_1/Q_2 \tag{4-3}$$

定义 4.2 总自洽率是指该条线路由其自身基础设施太阳能发电总量满足用能需求的比例。由图 4.11 可知，单条线路的总自洽率 μ 可由式(4-4)计算：

$$\mu = Q_3/Q_2 \tag{4-4}$$

因此，当 $\mu \geqslant 1$ 时，线路通过自身基础设施太阳能发电，借助储能等方式可实现自身用电需求的完全自洽；当 $\mu < 1$ 时，线路通过自身基础设施太阳能发电，即使借助储能等方式也无法实现自身用电需求的完全自洽。

定义 4.3　电能时移率是指某条线路在利用太阳能发电满足其自身用电需求外，通过储能设备或并网外送等方式实现电能时间、空间转移的电量，占其总发电量的比例。由图 4.11 可知，单条线路的电能时移率 γ 可由式(4-5)计算：

$$\gamma = \frac{Q'_{3,\mathrm{used}}}{Q_3} \tag{4-5}$$

其中，$Q'_{3,\mathrm{used}}$ 为通过储能设备或并网外送等方式实现电能时间、空间转移的实际 Q'_3 部分的电量，二者关系为 $\max\left\{Q'_{3,\mathrm{used}}\right\} = Q'_3$。

由于道路交通系统新能源装机容量、并网外送能力等与后续的开发规划和外送条件相关，本书详细测算了各评估交通线路的最大电能时移率 $\gamma_{\max}$，即通过采用储能设备或并网外送的方式，全部消纳或利用 Q'_3 的电能，由式(4-6)可得

$$\gamma_{\max} = \max\left\{\gamma\right\} = \frac{\max\left\{Q'_{3,\mathrm{used}}\right\}}{Q_3} = \frac{Q'_3}{Q_3} \tag{4-6}$$

定义 4.4　线路光伏发电日均收益是指某条线路利用道路自身资产设施铺设光伏设备获得的每日经济收益，可由式(4-7)计算：

$$\begin{aligned} &G = G_1 + G_2 \\ &G_1 = \sum_{t=1}^{24} p_{\mathrm{c},t}\mathrm{price}_{\mathrm{c},t} \\ &G_2 = (Q_3 - Q_2)\mathrm{price}_{\mathrm{s}} \end{aligned} \tag{4-7}$$

其中，G 为该线路安装光伏设备后的日均收益，元；G_1 为该条线路光伏设备节省的日耗电费用，元；G_2 为该条线路安装的光伏设备发电向电网售电获得的收益，元；$p_{\mathrm{c},t}$ 为该条线路在时刻 t 的耗电量，kW·h；$\mathrm{price}_{\mathrm{c},t}$ 为该条线路在时刻 t 的一般工商业峰谷电价，元/(kW·h)；$\mathrm{price}_{\mathrm{s}}$ 为该条线路光伏设备发电的上网价格，元/(kW·h)。

定义 4.5　线路设备投资成本为该条线路铺设光伏设备所需投资费用，光伏发电成本是指该线路光伏发电的综合折算成本，可由式(4-8)计算①：

---

① 由于本书编制过程中未详细测算各种道路资产能源化场景下的线路储能容量配置，经济收益分析部分未考虑储能投资，以及由此带来的成本、收益情况。

$$C_n = Q_3 \text{price}_c$$
$$P_n = P_E \text{price}_n \tag{4-8}$$

其中，C_n 为该条线路的日均发电成本，元；P_n 为该条线路铺设光伏设备的投资成本，元；price_c 为该条线路铺设光伏设备发电的度电成本，元/(kW·h)；price_n 为该条线路铺设光伏设备的单位装机容量投资成本，元/W。

根据国网能源研究院的《中国新能源发电分析报告(2019)》[42]，本书中度电成本、单位装机容量投资成本分别为：$\text{price}_c = 0.377$，$\text{price}_n = 4.8$。

定义 4.6 线路光伏日均利润是指该线路铺设光伏设备后由售电收益扣除发电成本后的当日利润，可由式(4-9)计算：

$$\text{Pro} = G - C_n \tag{4-9}$$

其中，Pro 为该线路的日均利润，元。

4.3.2 我国公路系统道路用能自洽分析

以京沪高速公路(G2)为例，在当前电动汽车充电桩建设条件下，采取利用方式二，发电效率取 30%，安装方式为斜单轴跟踪式，并网电压等级为 110kV，将该线路四季典型日太阳能发电潜力与线路日耗电曲线进行叠加，所得结果如图 4.12 所示。

由式(4-3)～式(4-6)可测算出京沪高速公路(G2)四季典型日的经时自洽率、总自洽率和最大电能时移率，如表 4.38 所示。

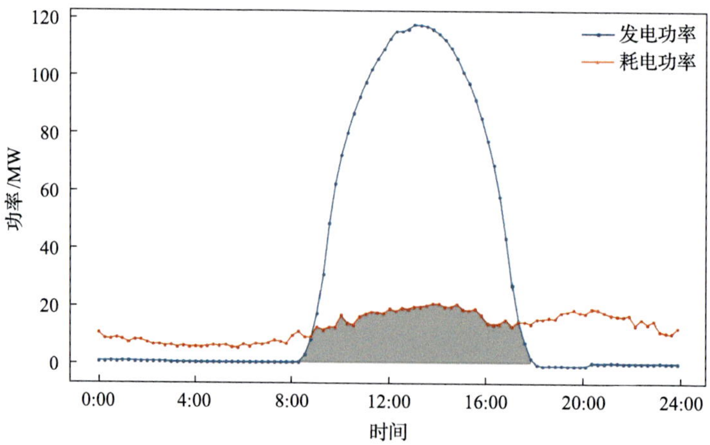

(a) 1月典型日发电、耗电曲线叠加图

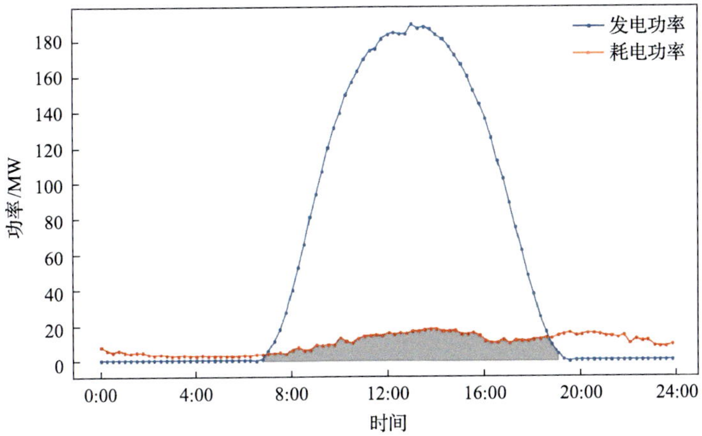

(b) 4月典型日发电、耗电曲线叠加图

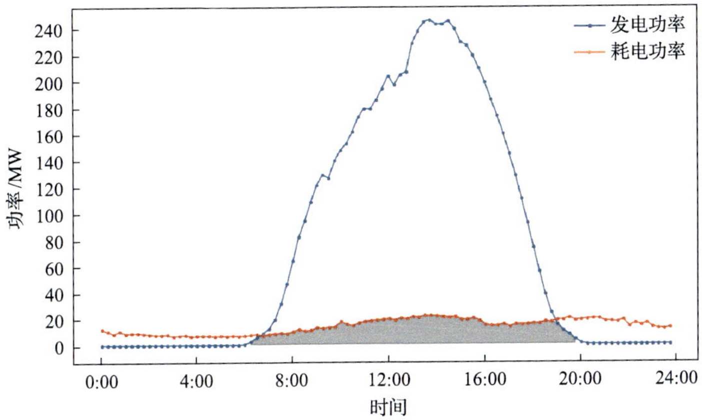

(c) 7月典型日发电、耗电曲线叠加图

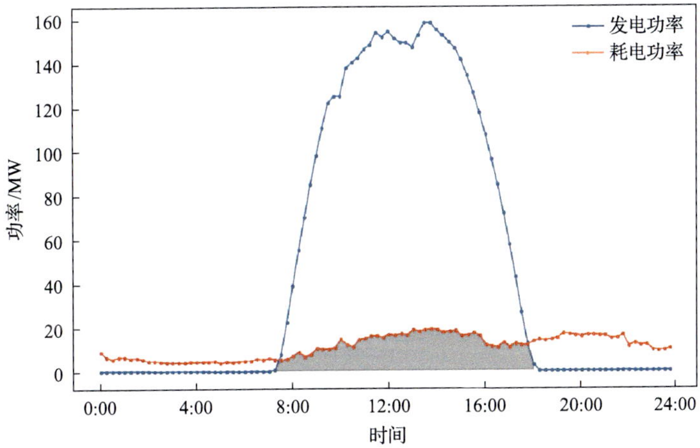

(d) 10月典型日发电、耗电曲线叠加图

图 4.12　京沪高速公路(G2)在利用方式二下的四季典型日发电、耗电曲线叠加图

表 4.38　京沪高速公路(G2)在利用方式二下的经时自洽率、总自洽率、最大电能时移率

参数	1 月	4 月	7 月	10 月
Q_1 /(10MW · h)	14	15	20	14
Q_2 /(10MW · h)	30	24	32	26
Q_3 /(10MW · h)	73	144	183	117
经时自洽率 η/%	46.67	62.50	62.50	53.85
总自洽率 μ/%	243.33	600.00	571.88	450.00
最大电能时移率 γ_{max} /%	80.82	89.58	89.07	88.03

同理，在当前电动汽车充电桩建设条件下，若采取利用方式三，发电效率取30%，安装方式为斜单轴跟踪式，并网电压等级为 110kV，则可由式(4-3)～式(4-6)测算出京沪高速公路(G2)四季典型日的经时自洽率、总自洽率和最大电能时移率，如表 4.39 所示。

表 4.39　京沪高速公路(G2)在利用方式三下的经时自洽率、总自洽率、最大电能时移率

参数	1 月	4 月	7 月	10 月
Q_1 /(10MW · h)	15	15	21	14
Q_2 /(10MW · h)	30	24	32	26
Q_3 /(10MW · h)	486	960	1222	781
经时自洽率 η/%	50.00	62.50	65.63	53.85
总自洽率 μ/%	1620.00	4000.00	3818.75	3003.85
最大电能时移率 γ_{max} /%	96.91	98.44	98.28	98.21

根据交通工具电动化趋势和我国新能源汽车产业发展的形势，可进一步测算高速公路服务区电动汽车充电设施增多带来的道路系统用能自洽情况。假设到 2030 年京沪高速公路(G2)沿线所有服务区的充电桩总数达到 350 个，在 2050 年达到 500 个，则两种情况下京沪高速公路(G2)的典型日耗电量将显著增加，如表 4.40、表 4.41 所示。

表 4.40　2030 年京沪高速公路(G2)典型日耗电量预测结果

参数	1 月	4 月	7 月	10 月
耗电量/(10MW · h)	59	48	64	51

表 4.41　2050 年京沪高速公路(G2)典型日耗电量预测结果

参数	1 月	4 月	7 月	10 月
耗电量/(10MW · h)	83	67	90	71

采用上述方法分析利用方式二下，京沪高速公路(G2)在 2030 年、2050 年的道路系统自身发电、用电的经时自洽率、总自洽率和最大电能时移率，四季典型日的发电、用电曲线如图 4.13、图 4.14 所示，测算结果如表 4.42、表 4.43 所示。

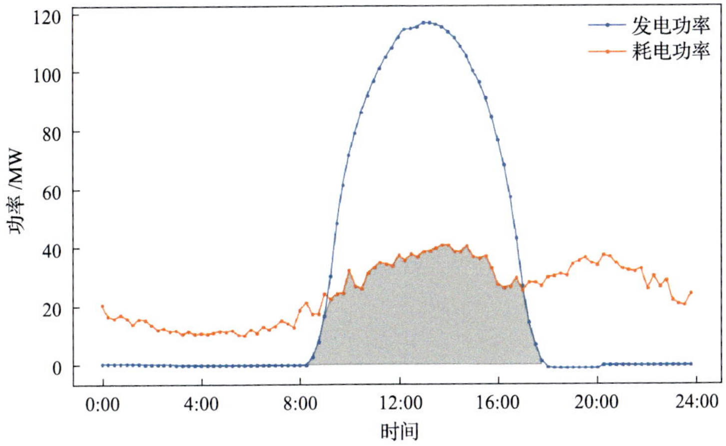

(a) 1月典型日发电、耗电曲线

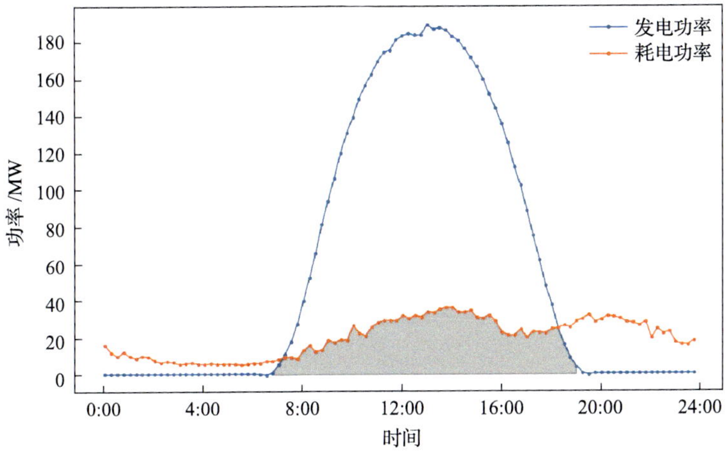

(b) 4月典型日发电、耗电曲线

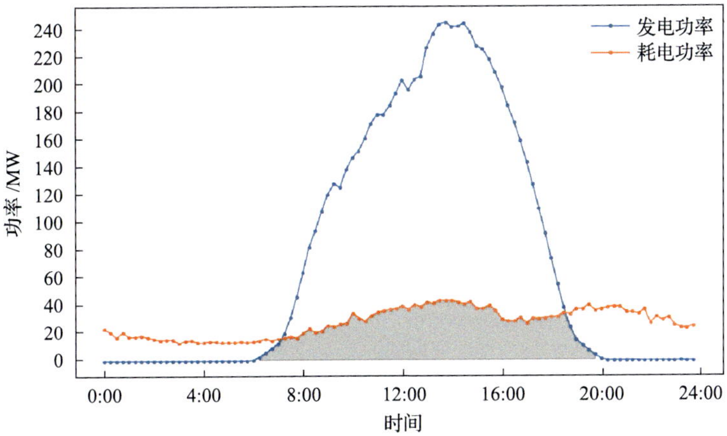

(c) 7月典型日发电、耗电曲线

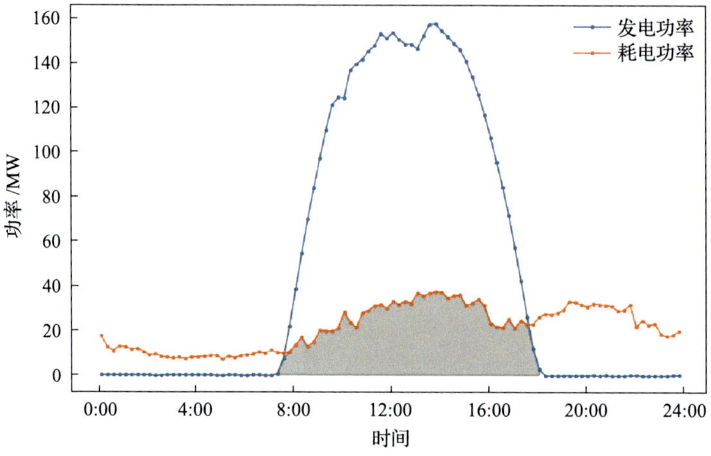

(d) 10月典型日发电、耗电曲线

图 4.13　京沪高速公路(G2)2030 年在利用方式二下的四季典型日发电、耗电曲线叠加图

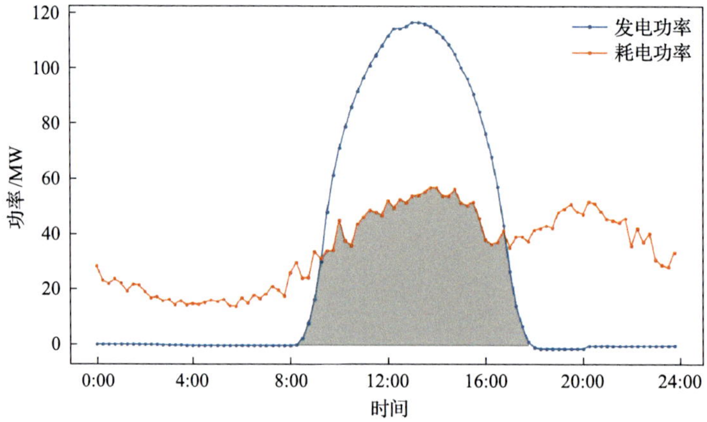

(a) 1月典型日发电、耗电曲线

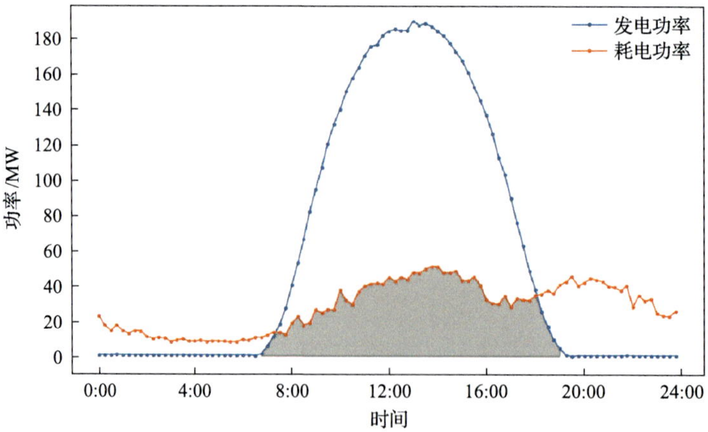

(b) 4月典型日发电、耗电曲线

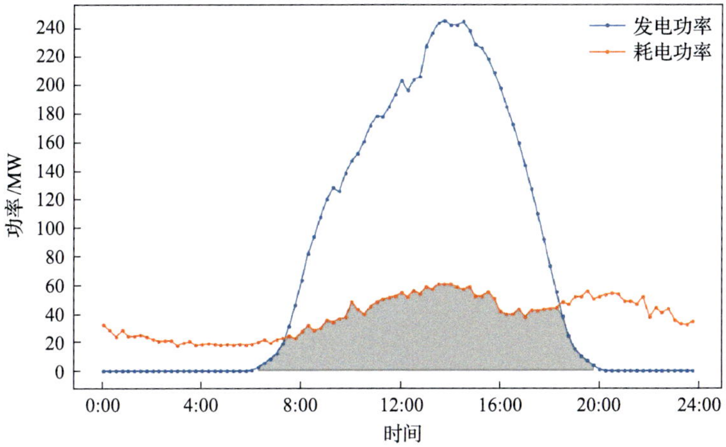

(c) 7月典型日发电、耗电曲线

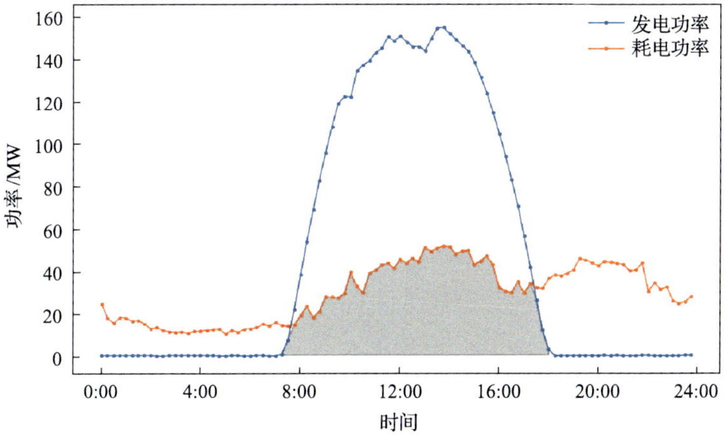

(d) 10月典型日发电、耗电曲线

图 4.14　京沪高速公路(G2)2050 年在利用方式二下的四季典型日发电、耗电曲线叠加图

表 4.42　京沪高速公路(G2)2030 年在利用方式二下的四季典型日的经时自洽率、总自洽率、最大电能时移率

参数	1 月	4 月	7 月	10 月
Q_1 /(10MW·h)	28	29	39	28
Q_2 /(10MW·h)	59	48	64	51
Q_3 /(10MW·h)	73	144	183	117
经时自洽率 η/%	47.46	60.42	60.94	54.90
总自洽率 μ/%	123.73	300.00	285.94	229.41
最大电能时移率 γ_{max} /%	61.64	79.86	78.69	76.07

表 4.43　京沪高速公路（G2）2050 年在利用方式二下的四季典型日的经时自洽率、总自洽率、最大电能时移率

参数	1 月	4 月	7 月	10 月
Q_1 /（10MW·h）	38	40	53	38
Q_2 /（10MW·h）	83	67	90	71
Q_3 /（10MW·h）	73	144	183	117
经时自洽率 η/%	45.78	59.70	58.89	53.52
总自洽率 μ/%	87.95	214.93	203.33	164.79
最大电能时移率 γ_{max} /%	47.95	72.22	71.04	67.52

同理，采用利用方式二时，京哈高速公路、京藏高速公路、京新高速公路及全国高速公路的典型日经时自洽率、总自洽率和最大电能时移率结果分别如表 4.44～表 4.46 所示，经济效益情况分析如表 4.47 所示[①]。

表 4.44　我国高速公路系统在利用方式二下的典型日经时自洽率　（单位：%）

高速公路	1 月	4 月	7 月	10 月
京沪高速公路	46.67	62.50	62.50	53.85
京哈高速公路	46.90	61.63	61.55	54.15
京藏高速公路	48.79	62.65	63.48	54.79
京新高速公路	48.04	62.25	63.01	54.74
全国高速公路	48.08	62.17	62.73	54.61

表 4.45　我国高速公路系统在利用方式二下的典型日总自洽率　（单位：%）

高速公路	1 月	4 月	7 月	10 月
京沪高速公路	243.33	600.00	571.88	450.00
京哈高速公路	121.74	432.59	369.84	257.23
京藏高速公路	287.42	862.11	685.77	580.55
京新高速公路	194.63	650.03	599.03	437.71
全国高速公路	212.47	637.55	556.51	433.56

表 4.46　我国高速公路系统在利用方式二下的典型日最大电能时移率　（单位：%）

高速公路	1 月	4 月	7 月	10 月
京沪高速公路	80.82	89.58	89.07	88.03
京哈高速公路	61.48	85.75	83.36	78.95
京藏高速公路	83.02	92.73	90.74	90.56
京新高速公路	75.32	90.42	89.48	87.49
全国高速公路	77.37	90.25	88.73	87.40

① 本书的经济效益分析均未考虑储能设备投资与收益情况。

表 4.47　我国高速公路系统在利用方式二下的典型日经济效益分析　（单位：万元）

参数	1 月	4 月	7 月	10 月
G_1	1959.20	1611.63	2259.91	1698.44
G_2	1950.93	8045.11	9924.69	5381.04
G	3910.13	9656.75	12184.60	7079.48
C_n	1799.80	4263.87	5382.05	3157.75
Pro	2110.33	5392.88	6802.55	3921.73

由表 4.47 可知，我国高速公路系统在利用方式二下的日均利润为 4556.87 万元，年均利润为 166.33 亿元，所需投资成本为 631.2 亿元①。

同理，采用利用方式三时，京哈高速公路、京藏高速公路、京新高速公路及全国高速公路在当前条件下的典型日经时自洽率、总自洽率和最大电能时移率结果分别如表 4.48～表 4.50 所示，经济效益情况如表 4.51 所示。

表 4.48　我国高速公路系统在利用方式三下的典型日经时自洽率　（单位：%）

高速公路	1 月	4 月	7 月	10 月
京沪高速公路	50.00	62.50	65.63	53.85
京哈高速公路	49.94	64.48	66.78	55.31
京藏高速公路	50.18	64.71	66.84	55.95
京新高速公路	50.04	64.60	66.83	55.94
全国高速公路	50.06	64.58	66.81	55.79

表 4.49　我国高速公路系统在利用方式三下的典型日总自洽率　（单位：%）

高速公路	1 月	4 月	7 月	10 月
京沪高速公路	1620.00	4000.00	3818.75	3003.85
京哈高速公路	1021.97	3631.35	3104.64	2164.07
京藏高速公路	2034.44	6102.19	4853.99	4109.27
京新高速公路	1467.17	4900.32	4515.84	3299.75
全国高速公路	1541.13	4667.76	4071.12	3157.98

表 4.50　我国高速公路系统在利用方式三下的典型日最大电能时移率　（单位：%）

高速公路	1 月	4 月	7 月	10 月
京沪高速公路	96.91	98.44	98.28	98.21
京哈高速公路	95.11	98.22	97.85	97.44
京藏高速公路	97.53	98.94	98.62	98.64
京新高速公路	96.59	98.68	98.52	98.30
全国高速公路	96.75	98.62	98.36	98.23

① 为便于整体测算与比较，本书计算模型未考虑投资的货币时间价值。

表 4.51 我国高速公路系统在利用方式三下的典型日经济效益分析 （单位：万元）

参数	1 月	4 月	7 月	10 月
G_1	1974.36	1626.14	2293.99	1706.07
G_2	30454.16	73712.34	90194.76	53821.31
G	32428.52	75338.47	92488.74	55527.39
C_n	14297.73	33057.25	40578.40	24397.56
Pro	18130.79	42281.22	51910.34	31129.83

由表 4.51 可知，我国高速公路系统在利用方式三下的日均利润为 3.59 亿元，年均利润为 1310.35 亿元，所需投资成本为 4855.20 亿元。

4.3.3 我国铁路系统能源需求自洽分析

将铁路系统太阳能发电潜力和道路系统用能情况叠加，可测算出我国铁路系统的经时自洽率、总自洽率和最大电能时移率。以京沪客运专线为例，根据前述所得的太阳能发电量和道路用电数据，可以得到利用方式二下京沪客运专线四季典型日的发电、用电曲线，如图 4.15 所示。

若京沪客运专线采取利用方式二，发电效率为 30%，安装方式为平单轴跟踪式，并网电压等级为 110kV，则由式(4-3)～式(4-6)可以计算出道路系统自身发电、用电的经时自洽率、总自洽率和最大电能时移率，结果如表 4.52 所示。

利用方式三下道路系统自身发电、用电的经时自洽率、总自洽率和最大电能时移率结果如表 4.53 所示。

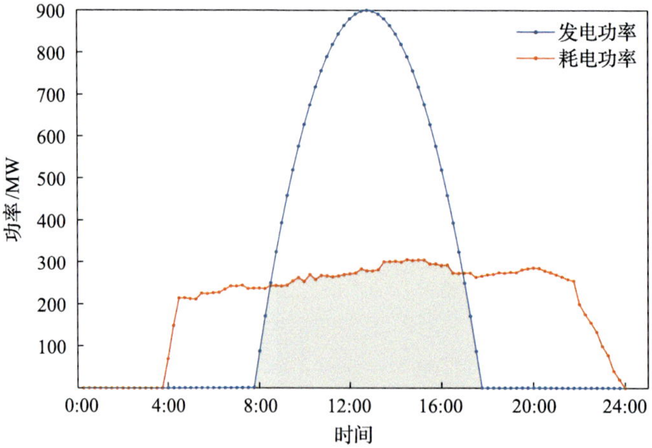

(a) 1月典型日发电、耗电曲线

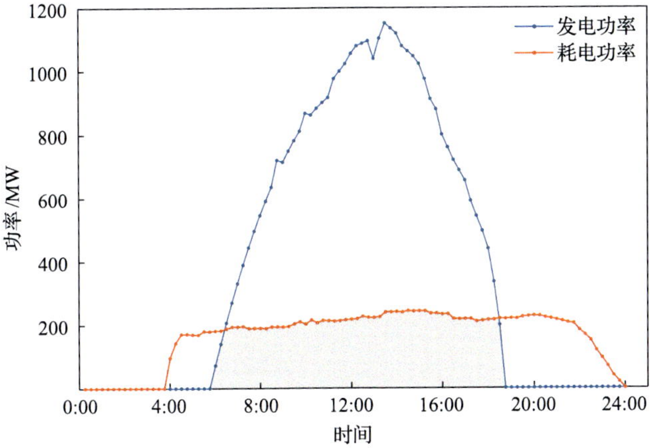

(b) 4月典型日发电、耗电曲线

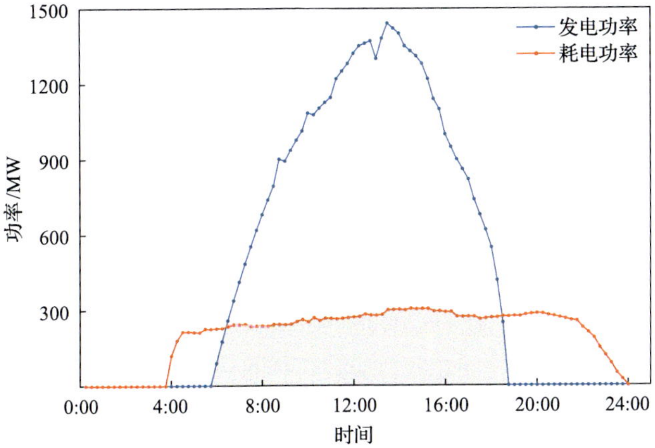

(c) 7月典型日发电、耗电曲线

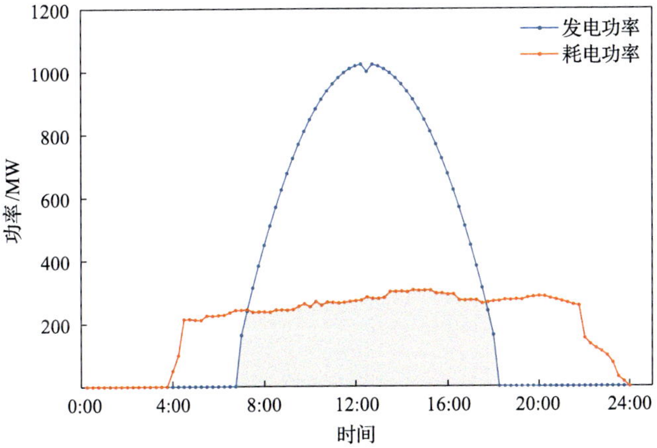

(d) 10月典型日发电、耗电曲线

图 4.15　京沪客运专线在利用方式二下的四季典型日发电、耗电曲线叠加图

表 4.52　京沪客运专线在利用方式二下的经时自洽率、总自洽率、最大电能时移率

参数	1 月	4 月	7 月	10 月
Q_1 /(10MW·h)	195	174	318	205
Q_2 /(10MW·h)	425	274	498	325
Q_3 /(10MW·h)	599	874	1200	815
经时自洽率 η/%	45.88	63.50	63.86	63.08
总自洽率 μ/%	140.94	318.98	240.96	250.77
最大电能时移率 $\gamma_{\max}$ /%	67.45	80.09	73.50	74.85

表 4.53　京沪客运专线在利用方式三下的经时自洽率、总自洽率、最大电能时移率

参数	1 月	4 月	7 月	10 月
Q_1 /(10MW·h)	234	196	387	225
Q_2 /(10MW·h)	425	274	498	325
Q_3 /(10MW·h)	659	961	1320	897
经时自洽率 η/%	55.06	71.53	77.71	69.23
总自洽率 μ/%	155.06	350.73	265.06	276.00
最大电能时移率 $\gamma_{\max}$ /%	64.49	79.60	70.68	74.92

同理，若我国“四纵四横”高铁系统采取利用方式二，发电效率取 30%，安装方式为平单轴跟踪式，并网电压等级为 110kV，则由式(4-3)～式(4-6)可计算出整个高铁系统利用自身发电、用电的经时自洽率、总自洽率和最大电能时移率，结果如表 4.54～表 4.56 所示。经济效益情况分析如表 4.57 所示。

表 4.54　我国主要高铁及全国电气化铁路在利用方式二下的经时自洽率　(单位：%)

铁路线路	1 月	4 月	7 月	10 月
京沪客运专线	45.88	63.50	63.86	63.08
京港客运专线	55.77	72.76	78.84	70.32
京哈客运专线	33.04	43.10	46.70	41.65
杭福深客运专线	19.80	25.83	27.98	24.96
徐兰客运专线	41.82	54.56	59.12	52.73
沪昆客运专线	35.94	46.88	50.80	45.31
青太客运专线	25.05	32.68	35.41	31.58
沪汉蓉客运专线	61.68	80.47	87.19	77.76
全国电气化铁路	41.20	52.23	56.00	50.40

表 4.55　我国主要高铁及全国电气化铁路在利用方式二下的总自洽率　（单位：%）

铁路线路	1 月	4 月	7 月	10 月
京沪客运专线	140.94	318.98	240.96	250.77
京港客运专线	180.47	394.06	308.54	321.10
京哈客运专线	112.05	244.67	191.58	199.37
杭福深客运专线	66.09	144.32	113.00	117.60
徐兰客运专线	140.13	305.98	239.58	249.33
沪昆客运专线	116.77	254.97	199.64	207.77
青太客运专线	89.95	196.41	153.79	160.04
沪汉蓉客运专线	201.99	441.05	345.34	359.39
全国电气化铁路	131.08	284.84	229	233.08

表 4.56　我国主要高铁及全国电气化铁路在利用方式二下的最大电能时移率　（单位：%）

铁路线路	1 月	4 月	7 月	10 月
京沪客运专线	67.45	80.09	73.50	74.85
京港客运专线	69.09	81.53	74.45	78.10
京哈客运专线	70.52	82.38	75.62	79.11
杭福深客运专线	70.05	82.10	75.24	78.78
徐兰客运专线	70.16	82.17	75.32	78.85
沪昆客运专线	69.23	81.61	74.55	78.19
青太客运专线	72.15	83.36	76.98	80.27
沪汉蓉客运专线	69.46	81.76	74.75	78.36
全国电气化铁路	68.83	81.78	76.00	78.51

表 4.57　我国高铁系统在利用方式二下的典型日经济效益分析　（单位：万元）

参数	1 月	4 月	7 月	10 月
G_1	19408.23	13543.65	24093.32	15389.84
G_2	6814.259	27080.89	33141.16	22312.33
G	26222.49	40624.54	57234.48	37702.16
C_n	12601.38	18298.35	25796.30	17134.88
Pro	13621.11	22326.19	31438.18	20567.28

由表 4.57 可知，我国高铁系统在利用方式二下的日均利润为 2.20 亿元，年均利润为 803.00 亿元，所需投资成本为 1104.00 亿元。

当采用利用方式三，其他条件不变时，高铁系统的经时自洽率、总自洽率和最大电能时移率计算结果如表 4.58～表 4.60 所示。经济效益情况分析如表 4.61 所示。

表 4.58　我国主要高铁及全国电气化铁路在利用方式三下的经时自洽率　（单位：%）

铁路线路	1 月	4 月	7 月	10 月
京沪客运专线	55.06	71.53	77.71	69.23
京港客运专线	66.93	87.32	94.61	84.38
京哈客运专线	39.64	51.72	56.04	49.98
杭福深客运专线	23.76	30.99	33.58	29.95
徐兰客运专线	50.19	65.47	70.94	63.27
沪昆客运专线	43.12	56.26	60.96	54.37
青太客运专线	30.06	39.21	42.49	37.89
沪汉蓉客运专线	74.01	93.56	96.63	90.31
全国电气化铁路	47.85	62.42	68.00	60.32

表 4.59　我国主要高铁及全国电气化铁路在利用方式三下的总自洽率　（单位：%）

铁路线路	1 月	4 月	7 月	10 月
京沪客运专线	155.06	350.73	265.06	276.00
京港客运专线	338.21	738.48	578.22	601.75
京哈客运专线	132.58	264.90	205.93	231.41
杭福深客运专线	76.04	166.04	130.01	135.30
徐兰客运专线	154.34	337.00	263.87	274.60
沪昆客运专线	201.98	441.01	345.31	359.36
青太客运专线	112.20	210.16	180.95	200.65
沪汉蓉客运专线	305.47	666.99	522.25	543.50
全国电气化铁路	173.98	379.89	297.00	309.55

表 4.60　我国主要高铁及全国电气化铁路在利用方式三下的最大电能时移率　（单位：%）

铁路线路	1 月	4 月	7 月	10 月
京沪客运专线	64.49	79.60	70.68	74.92
京港客运专线	80.21	88.18	83.64	85.98
京哈客运专线	63.15	77.98	69.53	73.89
杭福深客运专线	68.76	81.34	74.17	77.86
徐兰客运专线	67.48	80.57	73.11	76.96
沪昆客运专线	78.65	87.24	82.35	84.87
青太客运专线	43.50	66.24	53.28	59.96
沪汉蓉客运专线	75.77	85.52	79.97	82.83
全国电气化铁路	67.75	80.73	73.00	77.15

表 4.61　我国高铁系统在利用方式三下的典型日经济效益分析　（单位：万元）

参数	1 月	4 月	7 月	10 月
G_1	19926.45	14074.28	25189.08	15980.99
G_2	16220.04	41006.66	50610.92	35133.36
G	36146.50	55080.94	75800.00	51114.35
C_n	16725.57	24404.44	33456.34	22756.57
Pro	19420.93	30676.50	42343.66	28357.78

由表 4.61 可知，我国高铁系统在利用方式三下的日均利润为 3.02 亿元，年均利润为 1102.30 亿元，所需投资成本为 1627.00 亿元。

将非电气化铁路太阳能发电潜力和用能情况叠加，可测算出我国非电气化铁路的经时自洽率、总自洽率和最大电能时移率。以 K210/K211 次列车交路为例，根据前述所得的太阳能发电量和道路用电数据，可以得到其四季典型日的发电、用电曲线。根据 K210/K211 次列车交路长度与全国非电气化铁路的占比关系，可以得到采用利用方式一，发电效率为 20%，安装方式为斜单轴跟踪式，并网电压等级为 110kV 时，全国非电气化铁路的可装机容量为 710MW；其他条件不变，采用利用方式三时，全国非电气化铁路可装机容量为 1610MW。在利用方式一和利用方式三下全国非电气化铁路四季典型日的发电、用电曲线如图 4.16、图 4.17 所示。

以 1 月、4 月、7 月、10 月典型日为例，测算出全国非电气化铁路在利用方式一和利用方式三下的典型月发电量，结果如表 4.62 和表 4.63 所示。

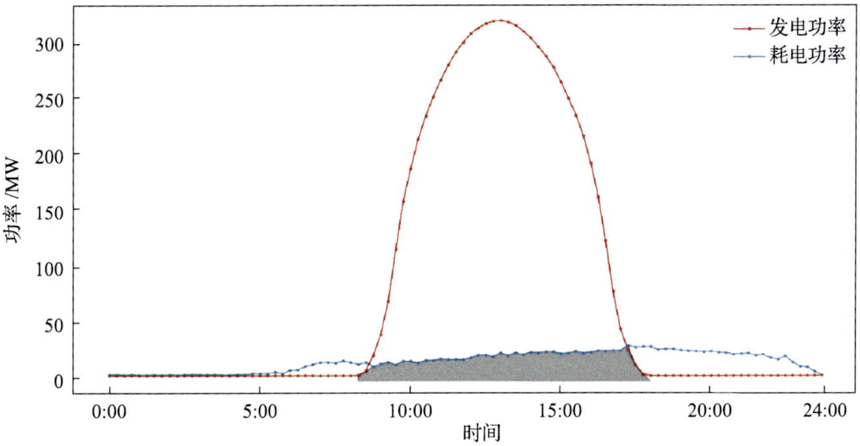

(a) 1月典型日发电、耗电曲线

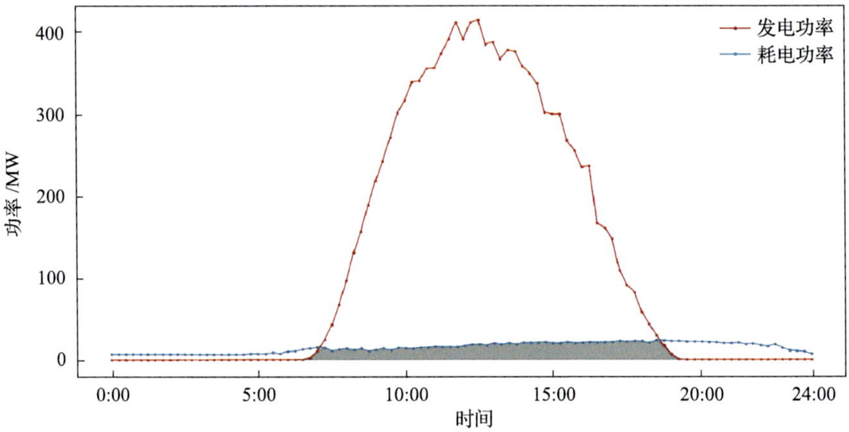

(b) 4月典型日发电、耗电曲线

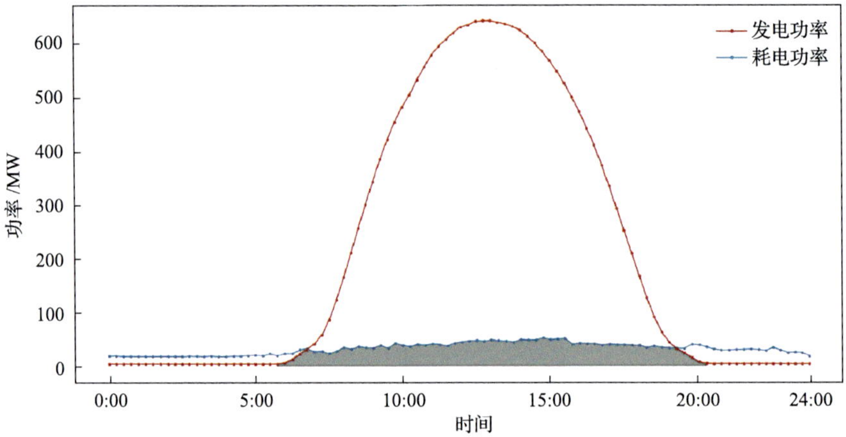

(c) 7月典型日发电、耗电曲线

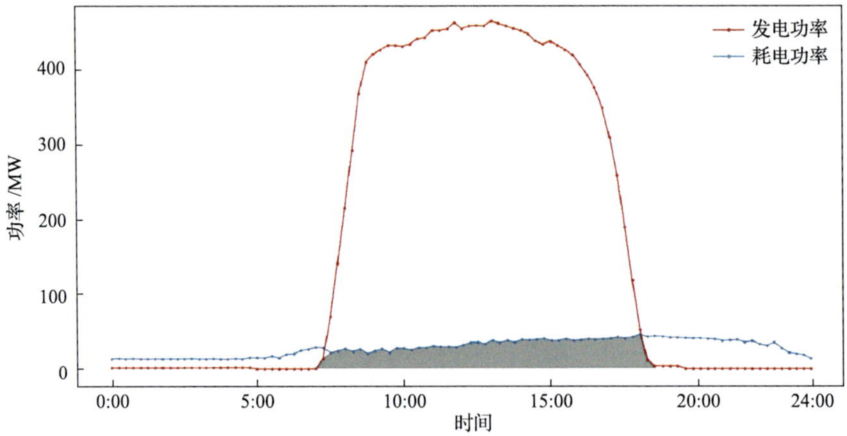

(d) 10月典型日发电、耗电曲线

图 4.16　我国非电气化铁路在利用方式一下的四季典型日发电、耗电曲线叠加图

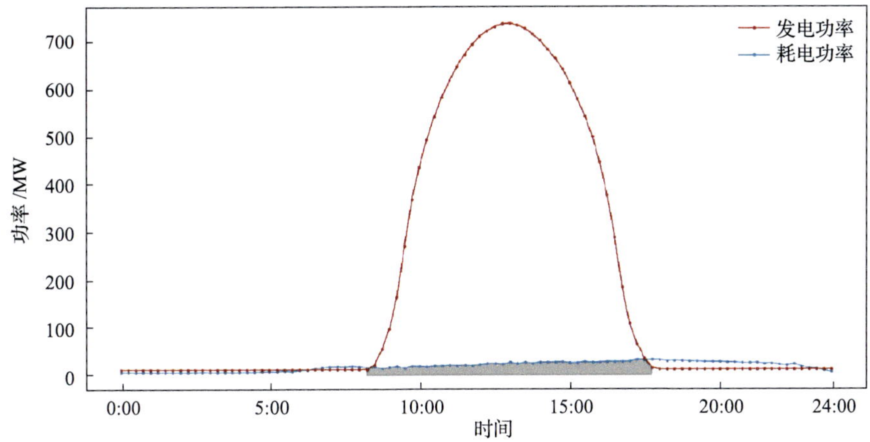

(a) 1月典型日发电、耗电曲线

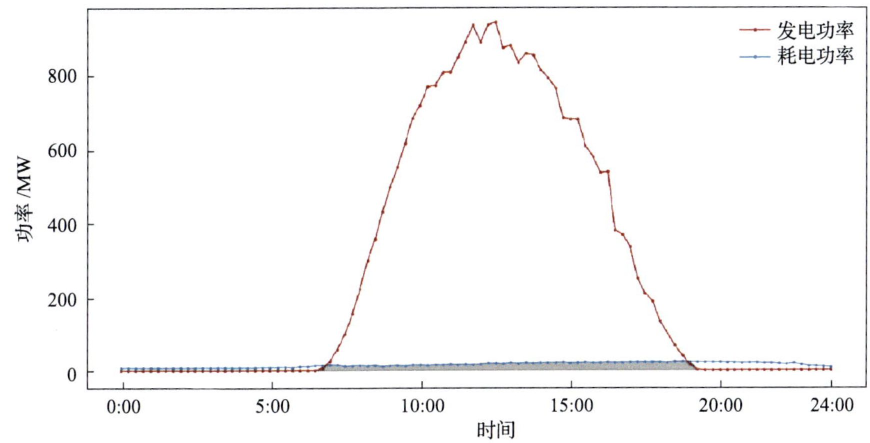

(b) 4月典型日发电、耗电曲线

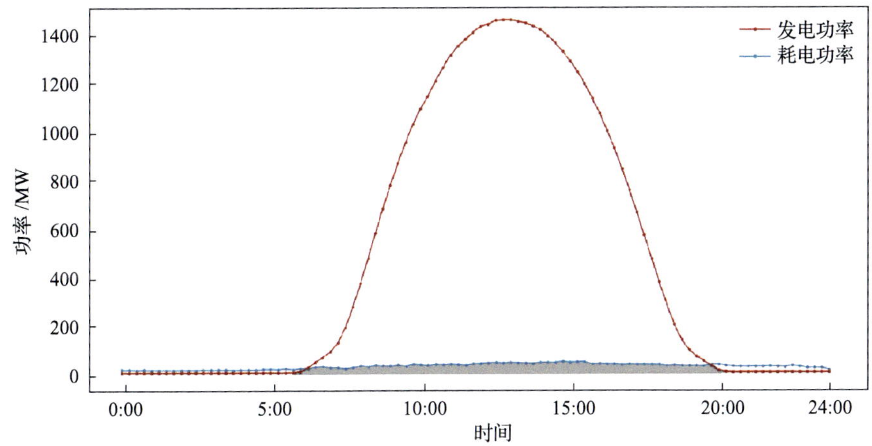

(c) 7月典型日发电、耗电曲线

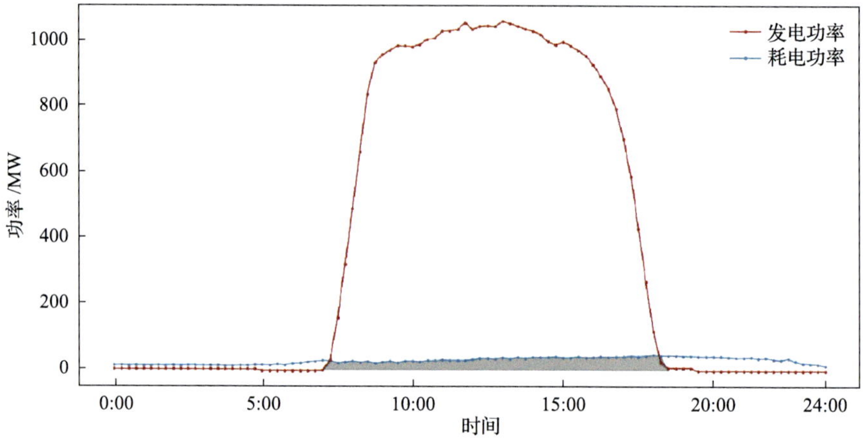

(d) 10月典型日发电、耗电曲线

图 4.17　我国非电气化铁路在利用方式三下的四季典型日发电、耗电曲线叠加图

表 4.62　全国非电气化铁路典型月可发电量(利用方式一)

参数	1 月	4 月	7 月	10 月
可发电量/(100GW · h)	15.60	22.11	39.02	31.24

表 4.63　全国非电气化铁路典型月可发电量(利用方式三)

参数	1 月	4 月	7 月	10 月
可发电量/(100GW · h)	35.39	50.16	88.53	70.91

若全国非电气化铁路采用利用方式一，发电效率取 20%，安装方式取斜单轴跟踪式，并网电压等级为 110kV，则由式(4-3)～式(4-6)可以计算出全国非电气化铁路利用自身发电、用电的经时自洽率、总自洽率和最大电能时移率，结果如表 4.64 所示，经济效益情况分析如表 4.65 所示；当采用利用方式三，其他条件不变时，非电气化铁路的经时自洽率、总自洽率和最大电能时移率计算结果如表 4.66 所示，经济效益情况分析如表 4.67 所示。

表 4.64　我国非电气化铁路在利用方式一下的经时自洽率、总自洽率、最大电能时移率

参数	1 月	4 月	7 月	10 月
Q_1 /(10MW · h)	647	549	1355	913
Q_2 /(10MW · h)	1095	913	1917	1680
Q_3 /(10MW · h)	5200	7370	13010	10420
经时自洽率 η/%	59.09	60.13	70.68	54.35
总自洽率 μ/%	474.89	807.23	678.66	620.24
最大电能时移率 γ_{max} /%	86.56	92.55	89.58	91.24

表 4.65　我国非电气化铁路在利用方式一下的典型日经济效益分析　（单位：万元）

参数	1 月	4 月	7 月	10 月
G_1	893.27	747.71	1631.77	1346.15
G_2	3529.48	5551.73	9537.76	7514.65
G	4422.75	6299.44	11169.53	8860.80
C_n	1960.40	2778.49	4904.77	3928.34
Pro	2462.35	3520.95	6264.76	4932.46

由表 4.65 可知，我国非电气化铁路在利用方式一下的日均利润为 4295.13 万元，年均利润为 156.77 亿元，所需投资成本为 864.00 亿元。

表 4.66　我国非电气化铁路在利用方式三下的经时自洽率、总自洽率、最大电能时移率

参数	1 月	4 月	7 月	10 月
Q_1 /（10MW · h）	806	570	1448	939
Q_2 /（10MW · h）	1095	913	1917	1680
Q_3 /（10MW · h）	11800	16720	29510	23640
自洽率 η/%	73.61	62.43	75.53	55.89
总自洽率 μ/%	1078	1831	1539	1407
最大电能时移率 γ_{max} /%	93.17	96.59	95.09	96.03

表 4.67　我国非电气化铁路在利用方式三下的典型日经济效益分析　（单位：万元）

参数	1 月	4 月	7 月	10 月
G_1	941.86	754.13	1660.19	1354.09
G_2	9204.16	13590.86	23724.46	18881.21
G	10146.02	14344.99	25384.65	20235.30
C_n	4448.60	6303.44	11125.27	8912.28
Pro	5697.42	8041.55	14259.38	11323.02

由表 4.67 可知，我国非电气化铁路在利用方式三下的日均利润为 9830.34 万元，年均利润为 358.81 亿元，所需投资成本为 1968.00 亿元。

可以看出，全国非电气化铁路在利用方式一下，年均经时自洽率可达 61.06%，年均总自洽率为 645.26%，最大电能时移率可达 92.55%。全国非电气化铁路在利用方式三下，年均经时自洽率可达 66.87%，年均总自洽率为 1464%，最大电能时移率可达 96.59%。

同理，将青藏铁路格-拉段太阳能发电潜力和用能情况叠加，可测算其经时自洽率、总自洽率和最大电能时移率。假设青藏铁路格-拉段采取利用方式二，发电效率取 20%，安装方式为斜单轴跟踪式，并网电压等级为 110kV，可装机容量为 410.2MW。由式(4-3)～式(4-6)可以计算出青藏铁路格-拉段利用自身发电、用电的经时自洽率、总自洽率和最大电能时移率，结果如表 4.68 所示，经济效益情况分析如表 4.69 所示。当采用利用方式四，其他条件不变时，可装机容量为 693.9MW，青藏铁路格-拉段的经时自洽率、总自洽率和最大时移率计算结果如表 4.70 所示，经济效益情况分析如表 4.71 所示。

表 4.68 青藏铁路格-拉段在利用方式二下的经时自洽率、总自洽率、最大电能时移率

参数	1 月	4 月	7 月	10 月
Q_1 /(10MW·h)	14.0	9.8	33.6	15.5
Q_2 /(10MW·h)	18.6	15.5	49.6	28.6
Q_3 /(10MW·h)	156.0	249.0	295.1	273.4
经时自洽率 η/%	75.27	63.23	67.74	54.20
总自洽率 μ/%	838.71	1606.45	594.96	955.94
最大电能时移率 γ_{max} /%	91.03	96.06	88.61	94.33

表 4.69 青藏铁路格-拉段在利用方式二下的典型日经济效益分析 （单位：万元）

参数	1 月	4 月	7 月	10 月
G_1	16.09	12.84	41.77	22.90
G_2	118.14	200.76	211.08	210.48
G	134.23	213.60	252.85	233.38
C_n	58.81	93.87	111.25	103.07
Pro	75.42	119.73	141.60	130.31

由表 4.69 可知，青藏铁路格-拉段在利用方式二下的日均利润为 116.77 万元，年均利润为 4.26 亿元，所需投资成本为 19.69 亿元。

表 4.70 青藏铁路格-拉段在利用方式四下的经时自洽率、总自洽率、最大电能时移率

参数	1 月	4 月	7 月	10 月
Q_1 /(10MW·h)	16.1	10.1	26.1	15.6
Q_2 /(10MW·h)	18.6	15.5	32.6	28.6
Q_3 /(10MW·h)	263.9	421.2	499.2	462.5
经时自洽率 η/%	86.56	65.16	80.06	54.55
总自洽率 μ/%	1419	2717	1531	1617
最大电能时移率 γ_{max} /%	93.90	97.60	94.77	96.63

表 4.71　青藏铁路格-拉段在利用方式四下的典型日经济效益分析　（单位：万元）

参数	1 月	4 月	7 月	10 月
G_1	16.73	12.93	39.48	22.93
G_2	210.91	348.82	386.57	373.07
G	227.64	361.75	426.05	396.00
C_n	99.49	158.79	188.20	174.36
Pro	128.15	202.96	237.85	221.64

由表 4.71 可知，青藏铁路格-拉段在利用方式四下的日均利润为 197.65 万元，年均利润为 7.21 亿元，所需投资成本为 33.31 亿元。

综上所述，铺设光伏设备后的总发电量、交通领域的基础设施年耗电量如表 4.72 及表 4.73 所示(一般场景)。

表 4.72　铺设光伏设备后的总发电量　（单位：100GW·h）

测算方式	高速公路系统	国道、省道系统	铁路系统(电气化)	铁路系统(非电气化)	总量
一般场景	251.78	317.83	1703.163	135.87	2408.643
乐观场景	1936.74	5315.14	2747.465	303.85	10303.195

表 4.73　交通领域基础设施年耗电量

参数	公路系统(除车辆能耗外)	铁路系统(除牵引系统外)	总量
年耗电量/(100GW·h)	84.94	888.74	973.68

(1)陆路交通系统太阳能开发潜力及用能自洽分析如下。

由表 4.72 可知，我国交通系统乐观场景测算的全铺设发电量达每年1030319.5GW·h，一般场景每年发电量可达 240864.3GW·h。

由表 4.73 可知，我国整个交通领域基础设施的年耗电量为 97368GW·h。

因此，我国陆路交通系统年均电能消耗总量如下。

公路系统(除车辆能耗外)：8494GW·h。

铁路系统(除牵引系统外)：88874GW·h。

我国陆路交通系统整体能源开发的总自洽率如下。

公路系统：乐观场景为 8537.65%；一般场景为 670.60%。

铁路系统：乐观场景为 343.33%；一般场景为 206.93%。

(2)陆路交通系统太阳能潜力开发的经济效益分析如下。

我国陆路交通系统铺设光伏发电系统的整体利润如下。

公路系统(仅高速公路)：乐观场景为 1310.35 亿元/年；一般场景为 166.33 亿元/年。

铁路系统：乐观场景为 1468.32 亿元/年；一般场景为 964.03 亿元/年。

我国陆路交通系统铺设光伏发电系统的整体投资成本如下。

公路系统(仅高速公路)：乐观场景为 4855.20 亿元；一般场景为 631.20 亿元。

铁路系统：乐观场景为 3628.31 亿元；一般场景为 1987.69 亿元。

第 5 章　我国陆路交通基础设施资产能源化应用新模式

5.1　公路交通基础设施资产能源化应用新模式

5.1.1　考虑公路交通基础设施做调整的应用新模式

近年来，随着节能减排需求的日益增加，公路交通系统用能向更加清洁、低碳的方向发展。根据《巴黎协定》，各国通过共同努力，最终实现到 2050 年将全球气温升高控制在 2℃以内的目标；国际可再生能源署预计交通系统用能中约有 33%为电能，其中 85%来自可再生能源发电系统。因此，为顺应交通用能清洁化、低碳化发展趋势，需要从交通系统资源入手，充分利用其“源属性”特点构建清洁低碳电源，构建公路交通基础设施资产能源化的应用新模式，这对于提高新能源电力在交通系统用能中的占比、降低交通系统用能的间接碳排放量具有重要的意义。

公路交通系统主要由道路、隧道、桥梁、匝道等交通基础设施，燃油车、电动车等交通载运工具以及服务区、车站(场)、集散中心等交通服务设施组成。由于我国当前公路交通系统载运工具用能形态以汽柴油为主，用电量较小，本书忽略交通载运工具的潜在源属性，仅探讨公路、铁路交通系统自身资产能源化的潜在应用模式。

在交通基础设施资产能源化开发方面，可利用双洞公路隧道间隔、公路边坡、匝道等空间资源，为分布式光伏发电提供布局空间，图 5.1 给出了分布式光伏发电在公路交通沿线的典型应用场景；同时，道路桥梁、隧道、服务区、沿线负荷又为可再生能源提供了消纳空间，从而形成自发自用、自给自洽的分布式光伏发电开发新模式，间接降低了公路交通系统的外购电力成本与碳排放量的环保成本。同时，对于无网地区小负荷供配电需求，也可建立分布式光伏发电与储能相结合

图 5.1　分布式光伏发电在公路交通沿线中的应用

的供电系统，无须新建配电线路，可降低建设成本。

2017年6月，我国首例高速公路匝道圈分布式光伏发电项目——齐鲁交通发展集团山东交通新能源科技有限公司孟疃收费站1700kW分布式光伏发电项目正式并网发电。以2017年的山东青兰高速为例测算得，每对服务区的屋顶、停车场及周围匝道护栏可建成1000kW的分布式光伏电站；每百公里互通立交匝道圈可建两座2000kW的分布式光伏电站；每百公里边坡可建50MW的分布式光伏电站。因此，若每百公里建成55MW分布式光伏发电，按照山东省高速公路5000km的一半进行测算，可安装的分布式光伏装机容量达1375MW。

此外，还可利用服务区、停车场(站、区)、集散中心等建筑集中区域的屋顶、停车棚等空间资源开展分布式光伏发电系统的建设，相关的典型应用场景如图5.2所示。通过分布式光伏发电与屋顶、停车棚的结合，实现交通服务设施从消费者向生产者的转变，替代和减少非可再生能源电力的使用量，也是一种新型、具有广阔前景的交通资产能源化的应用模式。其运行方式可采用用户自发自用、余电上网，亦可采用全额上网。在配电系统中发挥平衡调节作用的光伏发电设施，包括光伏组件、光伏逆变器、并网箱、支架、线缆及其他辅材。

图5.2　分布式光伏发电在公路交通设施中的应用

光伏车棚主要由支架系统、电池组件阵列、照明及控制逆变系统、充电装置系统、防雷及接地系统组成。光伏车棚支架形式多样，支架系统主要包括支撑立柱、立柱间斜梁、支撑太阳电池组件阵列的支架及固定电池组件阵列的紧固件等。光伏车棚建设规模可大可小，以宁波杭州湾项目为例，其可装机容量55MW，可停放2万多辆车辆，是世界上最大的光伏建筑一体化项目。

随着公路交通资产能源化利用的发展，并借助分布式光伏发电系统，公路交通资源已逐渐由能源消费者转变为能源生产者，开发潜力十分巨大。分布式可再生能源并网单元靠近负荷末端，规避了大规模远距离输电过程，因此可再生能源并网方式逐渐由集中式接入向分散式接入过渡。此外，分布式光伏发电具有波动性、间歇性等特点，是典型的不可控电源，因此，将这些大规模、不可控的可再生能源通过优化接入配电网，是一项极具挑战且重要的工作。为此，需要升级现有公路交通能源系统的组织架构和运行方式，加强本地资源的自我管理，从被动消纳模式演进为主动控制模式，典型公路交通资产能源化利用的组成架构如图 5.3 所示。

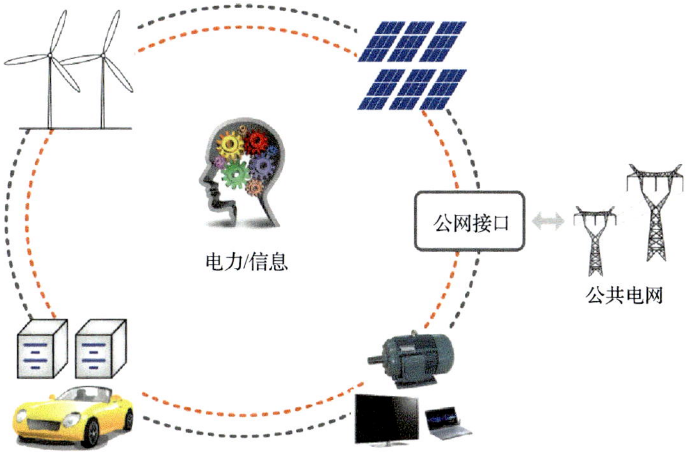

图 5.3 公路交通资产能源化利用的组成架构

微电网作为一种特殊的分布式发电系统，集成了多种可再生能源、储能、本地负荷、监视保护和控制单元。对于交通基础设施资产能源化开发而言，通过对多端、多点能源系统的融合集成与协同开发，借助先进电力电子与信息技术，可实现本地资源调控的智能化，解决分布式光伏发电与电网、负荷之间的矛盾。通过上述举措，还可实现分布式光伏、用电负荷与储能系统等一次设备及其控制系统的有机集成，从而形成更为高效、有序的供电系统。

在公路交通资产能源化开发方面，通过在公路交通沿线与基础设施可利用空间上加装分布式光伏发电，可实现公路交通从“荷”向“源-荷”共存状态转变。通过多点、多区公路交通资产能源化协同开发，可实现公路交通资产能源化开发的互联、互补，促进“局部平衡”到“大范围优化配置”的转变，形成“源-荷”集成与大范围协同优化的公路交通基础设施资产能源化利用新模式。

5.1.2 考虑公路交通与能源供给协同演进的应用新模式

随着我国高速公路网络日趋完善，高速公路系统的能源消耗量越来越大，对高效、经济、安全和高容量运输的交通能源的需求越来越迫切。但就能源与交通体系而言，我国仍然使用以内燃机为主要动力的能源供给/使用系统。考虑到不可再生能源的发展约束、环境承载力及经济可持续发展能力等因素的制约，目前的交通能源体系无法长期维系。因此，在限制气候变化与促进可持续增长的双重要求推动下，出现了全球能源体系的快速转型：在传统能源供应的基础上，依托可再生能源发电系统，从发电端改变能源供应形式，逐步调整交通侧终端设备以及交通载运工具的用能模式，从而构建基于“源-网-荷-储”四端的以可再生能源为主的公路交通与能源供给协同演进的应用新模式。

在公路交通与能源供给协同演进的应用新模式中，充分利用公路交通的空间资源和光伏发电系统布置的灵活性，最大化开发交通基础设施专属区域的可再生能源发电潜力，为公路用能设施提供充足的能源电力供给；在公路服务区，加速推广大功率快速充电站(桩)的布局，为电动汽车长距离出行提供充足的电力供给，同时为光伏发电提供广阔的电力消纳空间；由于用电负荷和发电量在时间上的不平衡，可通过储能对能量进行时间平移，实现负荷与发电量的匹配。

综上所述，由可再生能源发电、交通用电以及储能组网组成的公路交通与能源供给协同演进的应用新模式，最大限度地开发利用交通基础设施的发电潜力，为公路交通运载工具和服务设施提供清洁的电力供应，借助储能系统实现能量/功率的时间平移，形成“源-网-荷-储”协同联动的公路交通与能源供给协同演进的应用模式。因此，可根据源属性、网属性、荷属性，归纳出公路交通与能源供给协同演进的应用新模式对应的八种潜在应用场景，如图 5.4 所示。

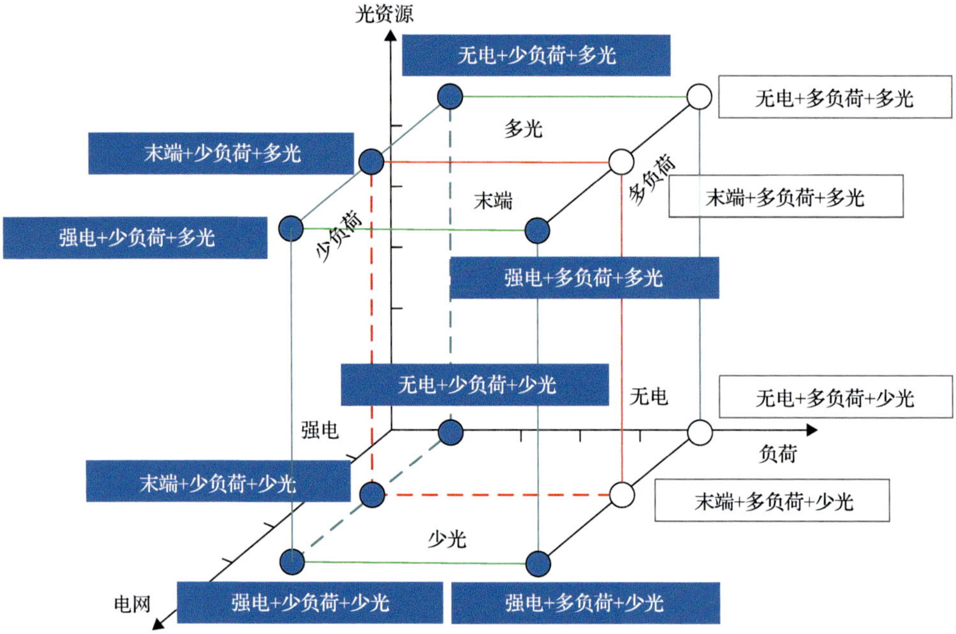

图 5.4　公路交通与能源供给协同演进的应用新模式的潜在应用场景

根据源属性，即可供开发的资源潜力，将全国划分为资源丰富区、资源一般区，其中资源丰富区是指光资源 I 区和 II 区。根据网属性，即电网形态和架构，可划分为强电网、弱电网、无电网地区；根据荷属性，即用电量，可划分为大负荷区、小负荷区，如表 5.1 所示。

表 5.1　不同场景下公路交通与能源供给协同演进的应用新模式

源属性	网属性	荷属性	运行模式
资源丰富区	强电网	大负荷	全额自用、网电补缺
		小负荷	上网为主、自用为辅
	弱电网	小负荷	提升外送、降低弃光
	无电网	小负荷	光储协同、发用平衡
资源一般区	强电网	大负荷	全额自用、网电补缺
		小负荷	上网为主、自用为辅
	弱电网	小负荷	提升外送、降低弃光
	无电网	小负荷	光储协同、发用平衡

考虑到交通能源需求与电力网络铺设实际情况，大负荷地区一定处于强电网地区，结合图 5.4 所示的预测场景，公路交通与能源供给协同演进的应用新模式将在资源丰富区与一般区共同满足强电网、大负荷，强电网、小负荷，弱电网、小负荷，无电网、小负荷的功能需求。然而，在光资源丰富区与一般区，公路交通与能源供给协同演进的应用新模式基本相同，仅存在发电量的差异。本节针对强电网、大负荷，强电网、小负荷，弱电网、小负荷，无电网、小负荷等应用场景，分析公路交通与能源供给协同演进的具体应用模式。

1. 光资源丰富区的强电网、大负荷应用场景

光资源丰富区强电网、大负荷场景下公路交通与能源供给协同演进的应用新模式如图 5.5 所示。

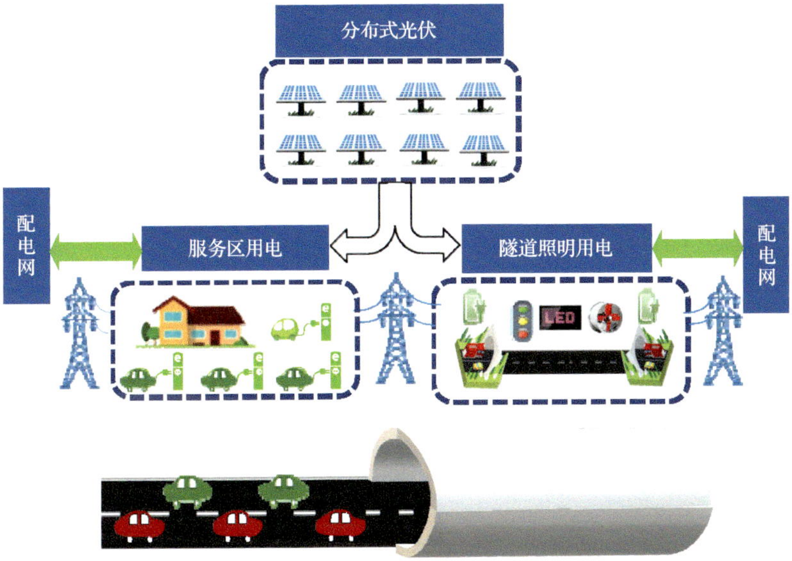

图 5.5　光资源丰富区强电网、大负荷场景下公路交通与能源供给协同演进的应用新模式

强电网环境为光伏发电提供了良好的并网与传输通道，同时本地大负荷也为分布式光伏发电提供了充足的消纳空间，此场景主要有光资源丰富区近枢纽变电站的特长隧道供配电站、集中式电动汽车充电站等应用模式。

因此，分布式光伏以辅助自用电源形态运行，其发电量全部被本地负荷消纳，并且与强电网共同为本地大负荷供电，降低本地大负荷对电网供电容量的要求，从而形成双电源互动供电模式。由于本地负荷较大，可再生能源仅能满足部分负荷需求，必须接入强电网寻求支撑，以实现电力/电量平衡，从而形成“全额自用、网电补缺”的运行模式。

在此场景下，充分利用建筑屋顶、匝道空地等空间资源加装分布式光伏设备，同时分布式光伏以向电网注入最大有功功率为目标运行，可最大限度地将可再生能源转化为电能，供给本地负荷。

2. 光资源丰富区的强电网、小负荷应用场景

光资源丰富区强电网、小负荷场景下公路交通与能源供给协同演进的应用新模式如图 5.6 所示。

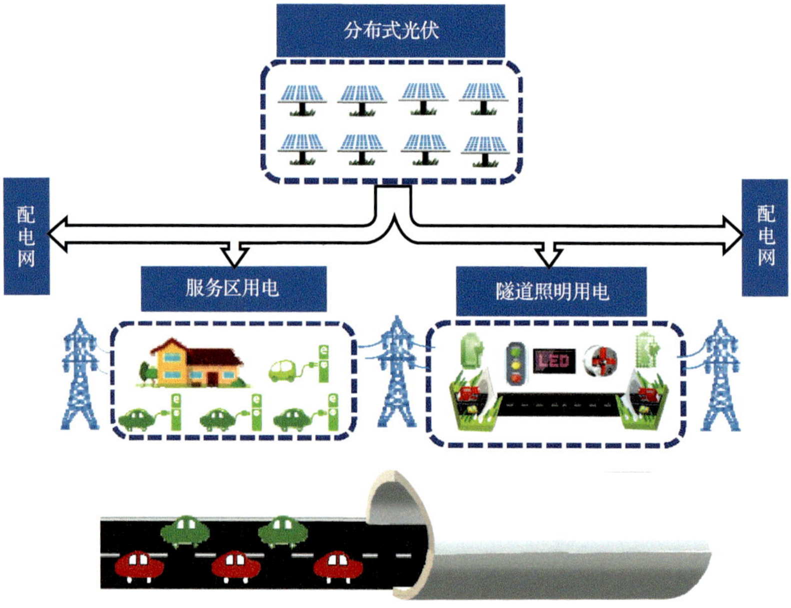

图 5.6 光资源丰富区强电网、小负荷场景下公路交通与能源供给协同演进的应用新模式

光资源丰富区的大量可再生能源，可为分布式光伏发电提供充足的光照资源，并且强电网环境为光伏发电提供了良好的并网与传输通道，但本地负荷较小，决定了这种场景下光伏发电以自用优先、余量上网的方式运行，此场景主要有光资源丰富区近枢纽变电站的公路沿线、匝道等。

因此，分布式光伏主要以外送电源形态运行，发电量在供给本地负荷消纳后，剩余电量通过强电网接入电力系统，通过产能与交通用能的互动调整，形成“上网为主、自用为辅”的运行模式。通过这种模式的开发利用，不仅实现了交通用能的自我供给，也实现了交通资源由“荷”向“源”的转变，可为电力系统提供大量清洁电力。

在这种场景下，可充分利用公路沿线、匝道可供开发的交通资源，在强电网输电断面限定值范围下最大限度地建设分布式光伏，分布式光伏以向电网注入最大的有功功率为目标运行，最大限度地将可再生能源转化为电能，通过强电网并入电力系统。

3. 光资源丰富区的弱电网、小负荷应用场景

光资源丰富区弱电网、小负荷场景下公路交通与能源供给协同演进的应用新模式如图 5.7 所示。

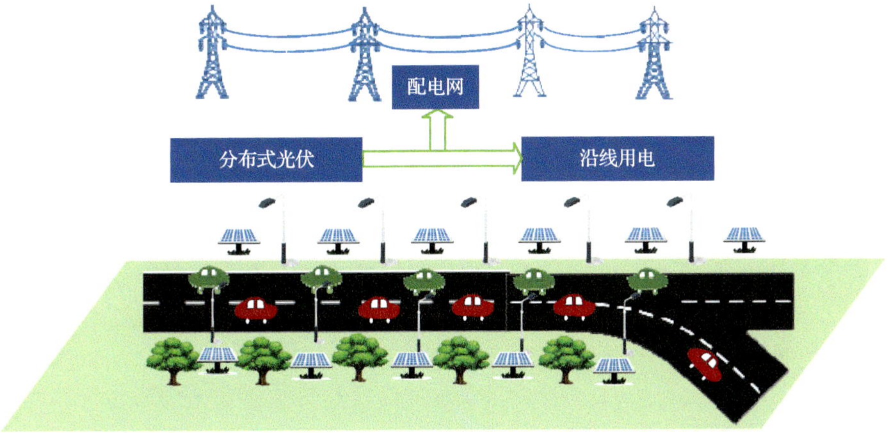

图 5.7　光资源丰富区弱电网、小负荷场景下公路交通与能源供给协同演进的应用新模式

光资源丰富区，有大量的可再生能源可供利用，为分布式光伏发电的开发提供足够的资源潜力，但受限于弱电网的接入环境，无法输送大容量的可再生能源，同时考虑到本地用电负荷较小，本地并不具备充足的可再生能源消纳空间，此场景主要有远离枢纽变电站的公路沿线、匝道等。

因此，分布式光伏与外部配电网分时互动、协同供电，确保沿线机电设施的正常运转。在该场景下，应重点从提升分布式光伏接入系统的灵活性着手，通过对分布式光伏发电控制技术的改造，使分布式光伏发电响应电力系统频率、电压调节，提高电源侧灵活性，提升弱电网可外送的可再生能源发电量，从而形成“提升外送、降低弃光”的运行模式。

在该场景下，应通过技术改造与升级，提高分布式光伏发电的灵活性，而后

以弱电网断面外送电量为约束，利用公路沿线、立交匝道等空间，合理开发分布式光伏发电，避免过度开发造成的大量弃光。

4. 光资源丰富区的无电网、小负荷应用场景

光资源丰富区无电网、小负荷场景下公路交通与能源供给协同演进的应用新模式如图 5.8 所示。

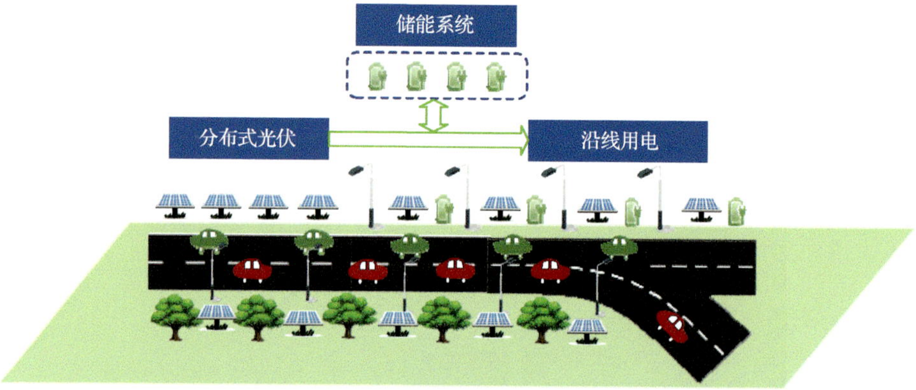

图 5.8　光资源丰富区无电网、小负荷场景下公路交通与能源供给协同演进的应用新模式

光资源丰富区有大量的可再生能源可供利用，为分布式光伏发电的开发提供了足够的资源潜力，但在无电网环境下，为满足本地小负荷配用电需求，分布式光伏需要具备稳定频率、电压的能力，同时由于发电量与用电量在时间尺度上的不平衡，需要加装储能装置以实现能量的时间平移与功率的再平衡，此场景主要有偏远地区的短隧道、小型服务区/收费站等。

因此，公路交通与能源供给协同演进的应用新模式应以建立频率、电压稳定的电力生产为目标，并结合储能的灵活调节作用，通过光储能源系统与交通用电系统的灵活互动，实现本地小负荷的稳定可靠供电，从而形成“光储协同、发用平衡”的运行模式。通过储能的嵌入，可在分布式光伏发电出力高于负荷用电需求时储存富余能量，并在分布式光伏发电出力低于负荷用电需求时释放储存的能量，从而实现能量的时间平移与功率的平衡。

在这种场景下，应以满足本地负荷用电需求为目标，按需开发分布式光伏发电，同时建设小容量储能装置，通过对能量的时间平移，平衡分布式光伏发电与本地负荷用电的需求，分布式光伏发电以控制供电电压和频率为目标，因荷制宜、因储制宜调节其有功、无功功率。

5. 光资源一般区的强电网、大负荷应用场景

光资源一般区强电网、大负荷场景下公路交通与能源供给协同演进的应用新

模式如图 5.9 所示。

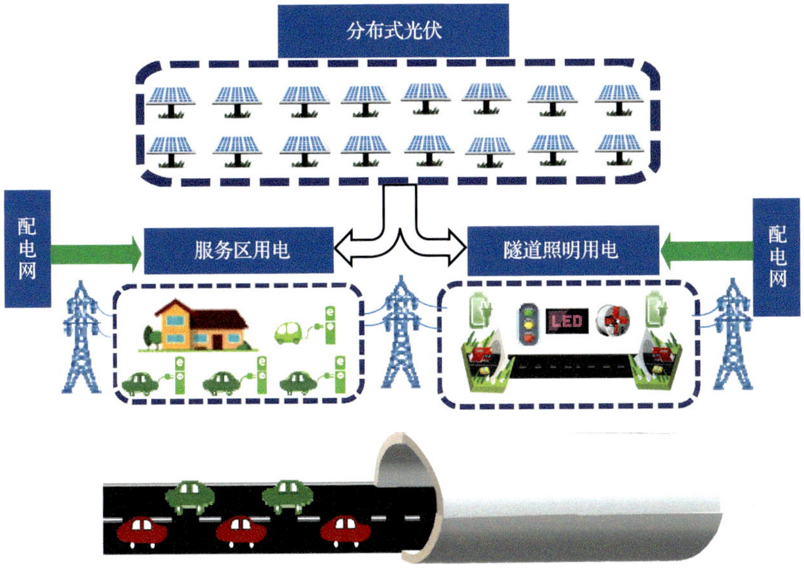

图 5.9　光资源一般区强电网、大负荷场景下公路交通与能源供给协同演进的应用新模式

强电网环境为光伏发电提供了良好的并网与传输通道，同时本地大负荷也为分布式光伏发电提供了充足的消纳空间，此场景主要有光资源一般区近枢纽变电站的特长隧道供配电站、集中式电动汽车充电站等。

因此，公路交通与能源供给协同演进的应用新模式以强电网为主导，分布式光伏以辅助自用电源形态运行，其发电量全部被本地负荷消纳，并且与强电网共同为本地大负荷供电，降低本地大负荷对电网供电容量的要求。由于本地负荷较大，可再生能源仅能满足部分负荷需求，必须接入强电网作为支撑，以实现电力/电量的平衡，从而形成“全额自用、网电补缺”的运行模式。

在这种场景下，可充分利用建筑屋顶、匝道空地等空间资源加装分布式光伏设备，同时分布式光伏设备以向电网注入最大的有功功率为目标运行，最大限度地将可再生能源转化为电能，供给本地负荷。

6. 光资源一般区的强电网、小负荷应用场景

光资源一般区强电网、小负荷场景下公路交通与能源供给协同演进应用新模式如图 5.10 所示。

光资源一般区有较多的可再生能源可供利用，为分布式光伏发电的开发提供了相对充足的资源潜力，并且强电网环境为光伏发电提供了良好的并网与传输通道，但本地负荷较小，决定了这种场景下光伏发电以自用优先、余量上网的方式运行，此场景主要有光资源一般区近枢纽变电站的公路沿线、匝道等。

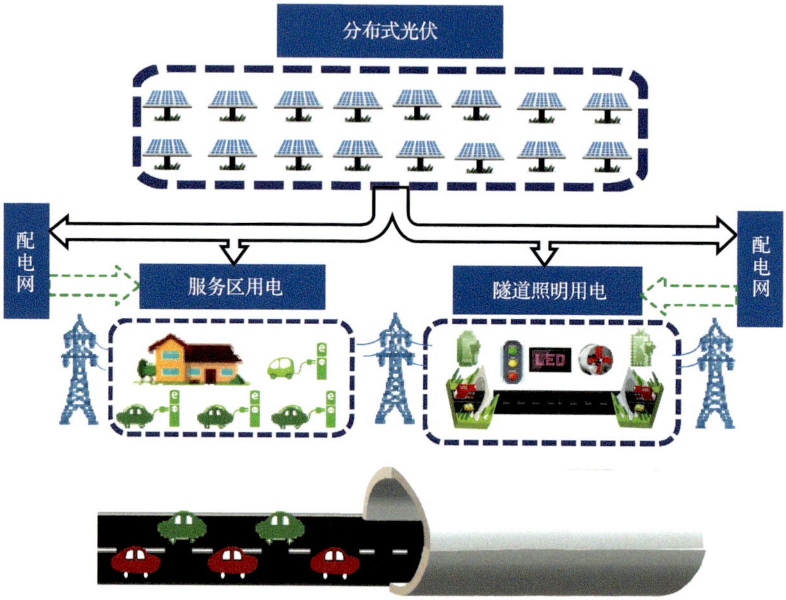

图 5.10　光资源一般区强电网、小负荷场景下公路交通与能源供给协同演进应用新模式

因此，公路交通与能源供给协同演进的应用新模式应以分布式光伏为主导电源，发电量在本地负荷消纳后，剩余电量通过强电网接入电力系统，从而形成“上网为主、自用为辅”的运行模式。通过这种模式的开发利用，不仅实现了交通用能的自我供给，也实现了交通资源由“荷”向“源”的转变，可为电力系统提供大量清洁电力。

在这种场景下，可充分利用公路沿线、匝道可供开发的交通资源，在强电网输电断面限定值范围下最大限度地建设分布式光伏，分布式光伏以向电网注入最大的有功功率为目标运行，最大限度地将可再生能源转化为电能，通过强电网并入电力系统。

7. 光资源一般区的弱电网、小负荷应用场景

光资源一般区弱电网、小负荷场景下公路交通与能源供给协同演进应用新模式如图 5.11 所示。

光资源一般区有较多的可再生能源可供利用，为分布式光伏发电的开发提供了相对充足的资源潜力，但受限于弱电网接入环境，无法输送大容量的可再生能源，同时考虑到本地用电负荷较小，本地并不具备充足的可再生能源消纳空间，此场景主要有远离枢纽变电站的公路沿线、匝道等。

因此，公路交通与能源供给协同演进的应用新模式应以分布式光伏发电为主导，以配电网供电为辅，重点从提升分布式光伏接入系统的灵活性着手，通过对

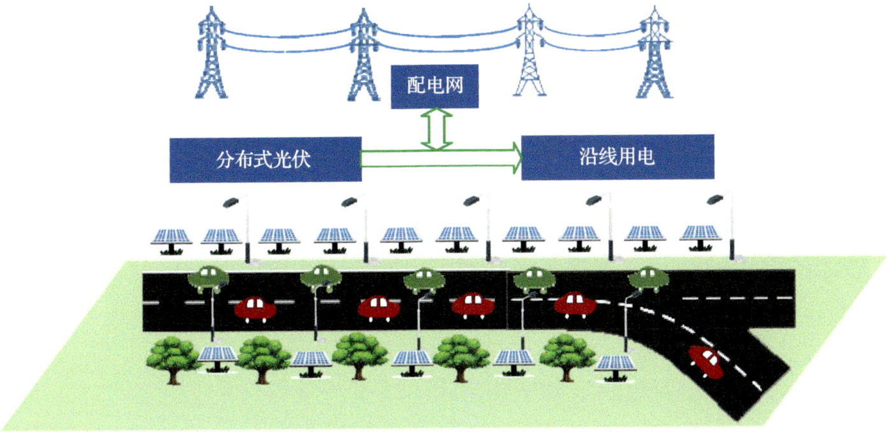

图 5.11　光资源一般区弱电网、小负荷场景下公路交通与能源供给协同演进应用新模式

分布式光伏发电控制的技术改造，使分布式光伏发电响应电力系统频率、电压调节，提高电源侧灵活性，提升弱电网可外送的可再生能源发电量，从而形成“提升外送、降低弃光”的运行模式。

在这种场景下，应通过技术改造与升级，提高分布式光伏发电的灵活性，而后以弱电网断面外送电量为约束，利用公路沿线、立交匝道等空间，合理开发分布式光伏发电，避免过度开发造成的大量弃光。

8. 光资源一般区的无电网、小负荷应用场景

光资源一般区无电网、小负荷场景下公路交通与能源供给协同演进应用新模式如图 5.12 所示。

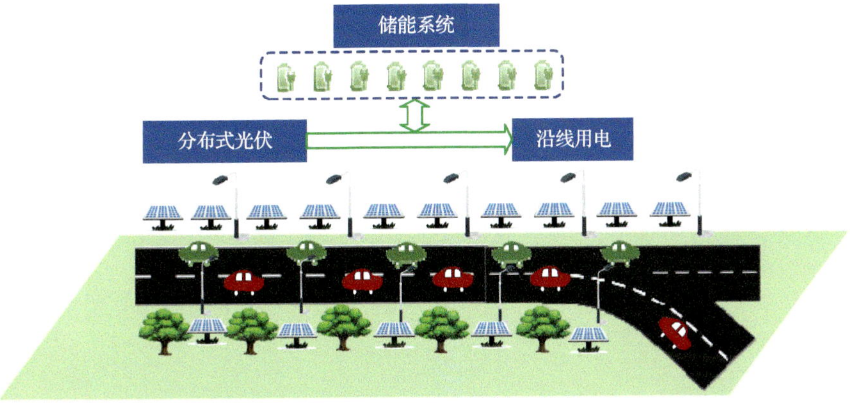

图 5.12　光资源一般区无电网、小负荷场景下公路交通与能源供给协同演进应用新模式

光资源一般区，有较多的可再生能源可供利用，为分布式光伏发电的开发提供了相对充足的资源潜力，但在无电网环境下，为满足本地小负荷配用电需求，

分布式光伏需要具备稳定频率、电压的能力，同时由于发电量与用电量在时间尺度上的不平衡，需要加装储能装置以实现能量的时间平移与功率的再平衡，此场景主要有偏远地区的短隧道、小型服务区/收费站等。

因此，公路交通与能源供给协同演进的应用新模式应以建立频率、电压稳定的电力生产为目标，并结合储能的灵活调节作用，形成光储主导的供电模式，实现本地小负荷的稳定可靠供电，从而形成“光储协同、发用平衡”的运行模式。通过储能的嵌入，可在分布式光伏发电出力高于负荷用电需求时储存富余能量，并在分布式光伏发电出力低于负荷用电需求时释放储存的能量，从而实现能量的时间平移与功率的平衡。

在这种场景下，可以满足本地负荷用电需求为目标，按需开发分布式光伏发电，同时建设小容量储能装置，通过对能量的时间平移，平衡分布式光伏发电与本地负荷用电的需求，分布式光伏发电以控制供电电压和频率为目标，因荷制宜、因储制宜调节其有功、无功功率。

5.2　铁路交通资产能源化应用新模式

5.2.1　考虑交通做适应性调整的铁路能源系统演化新模式

铁路能源系统的建设将使铁路系统根据战略目标的需求做适应性调整，在调整过程中，我国的铁路能源系统将呈现“源-网-荷”三重属性，如图 5.13 所示，即通过铁路资产能源化使铁路系统具有了源属性，通过三合一牵引变的建设使铁

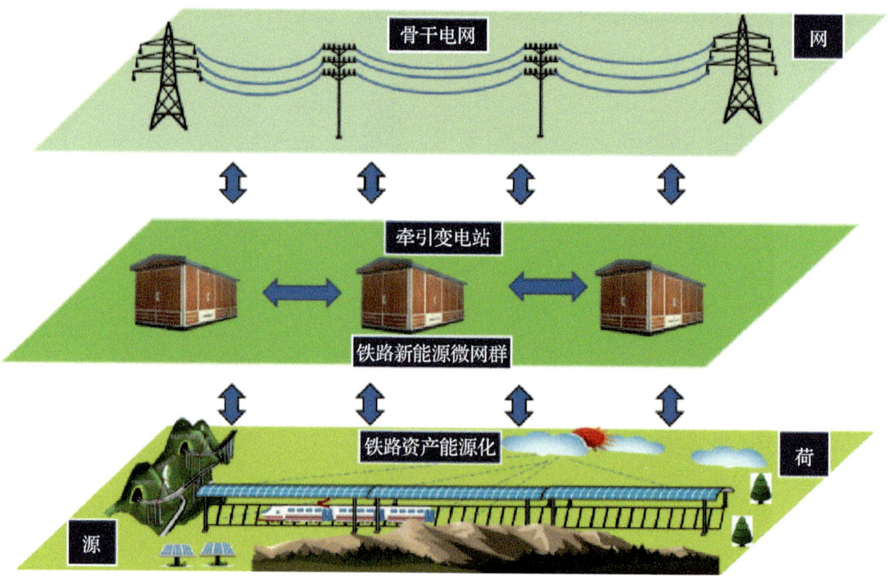

图 5.13　铁路做适应性调整所体现的“源-网-荷”三重属性示意图

路系统具有了网属性，在铁路系统向源属性和网属性转变的过程中，铁路能源系统作为电网的荷属性也相应地做了适应性调整，将呈现出与现有的负荷特性不同的新特性。

1. 考虑交通源属性的铁路能源系统演化新模式

从源属性来考虑交通能源系统的演化，将通过对铁路系统的运载体、服务设施和基础设施铺设太阳能光伏板及部署储能装置，使现有的铁路系统呈现源属性。

(1) 对于铁路系统的运载体而言，电气化机车与非电气化机车具有不同的源属性演化模式。

非电气化机车可在顶部铺设光伏组件，考虑到列车运行时速度较高，若采用倾斜布置方法，则光伏组件会承受较大风压，且会破坏列车整体的气动性能，反而会使能耗上升，因而采用平铺的布置方式。由于机车顶部面积有限，且布设角度受到车体外形的限制，车载光伏电源仅能供给列车很小部分的能量，所以目前国内外的研究均针对光伏满足辅助装置用能所需。例如，印度曾提出在车顶铺设光伏组件为列车灯光、风扇、空调等设施供电，经测算得出光伏出力高于负荷所需，项目的成本回收年限为 2.47 年，可减少 CO_2 排放 239.12t/(车次·年)[43]。

对于电气化机车，由于机车上方铺设有牵引网，在车顶布置光伏组件对于绝缘性能的影响尚不明确，暂不考虑此情况下的利用模式。

(2) 对于铁路系统的服务设施而言，其占地更为集中，且面积较大，周围建筑物对其光照条件影响很小，因而十分有利于建设集中式光伏电站。车站的太阳能光伏主要以并网方式加以利用，组成部分可分为光伏电池组件、并网逆变器、电源汇流箱柜、电源并接装置、防雷接地系统、建通系统及其辅材等。此项技术较为成熟，且国内已有许多示范性工程实例。例如，上海虹桥站、武汉火车站、广州南站、青岛火车站和杭州火车站等均不同程度地铺设了光伏电池。目前我国光伏装机容量最大的车站为南京南站，装机功率为 10.67MW，年总产能为 9.23GW·h。车站光伏发出的电能一般采用“自发自用、余电上网”的原则，剩余电量经汇流后升压至配网电压与电网相连。

(3) 对于铁路系统的基础设施而言，铁路线路很长，导致铁路系统的主要占地是基础设施用地。其铺设面积很大，且有净空区，铺设角度十分自由，具有很大的供给大负荷的潜力。对于铁路系统的基础设施而言，有两部分基础设施可以进行光伏铺设，分别是在电气化铁路的轨道上方搭建光伏隧道和在铁路线路安全保护区内铺设光伏组件。

在电气化铁路的轨道上方搭建光伏隧道，指的是在电气化铁路的轨道上方依据线路走向及当地纬度布置光伏组件。根据现行《铁路技术管理规程》，单线铁路的基本路基宽度为8.6m，双线铁路的基本路基宽度为13.6m，且跨越电气化铁路的各种建筑物与带电部分的最小距离不小于0.5m。因此，支架宽度选择为13.6m，高度设置为7m。

对于不同走向的铁路线路，光伏组件有不同的布置方式：完全东西走向的铁路线，由于太阳辐射的偏角，朝北的区域有一部分在一天内一直无法照射到阳光，而朝南的区域太阳辐射会相对比较充足，因此在设计太阳能板布置区域时可以考虑不对称的形状；完全南北走向的铁路线，由于太阳东升西落，整个光伏棚顶的每个角度在一天中都有机会受到太阳辐射，而正午应该是太阳辐射最大的时刻，可以从中间开始向两侧对称布置成弧形；对于走向不完全为东西向或南北向的线路，同样由于太阳的东升西落，整个光伏棚顶的每个角度在一天中都有机会受到太阳辐射，但是偏南的那一侧太阳辐射会比较大，所以可以根据线路的具体角度决定是不对称布置还是对称布置。

在铁路线路安全保护区内铺设光伏组件，指的是在各类铁路线两边的安全保护区内铺设光伏组件。实际的铺设长度可根据当地的地理环境来确定，铺设角度仍按照当地最佳倾角布置。

2. 考虑交通网属性的铁路能源系统演化新模式

铁路能源系统通过铁路资产的能源化演化具有了源属性，而如何传输和高效利用铁路新能源是铁路能源系统调整的重要内容。

电网为了保障自身运行安全，要求小型光伏电站接入电网的可装机容量不能大于上级变压器容量的15%～30%，因此分布式光伏无法大量接入电网，这对于铁路分布式光伏系统的发展而言极其不利。此外，铁路需要的电能都是由各地发电厂经过高压电网后传输到负荷侧，再经过输配电站的降压及分配，最后提供给负荷的。许多边远地区及农村、海岛、高原地区，远离大电网，或处于电网稀疏地区，高压输电线的布置非常不经济或者根本难以从大电网获得电能。

因此，铁路能源系统的演化模式应向新能源微电网方式发展，其模式为以牵引变电站、储能站和信息站合一的三合一型牵引变微网(图5.14)；同时，铁路系统具有的牵引网络，使得铁路能源系统形成独特的沿轨道分布的线性微网群，即每一个三合一牵引变微网与相邻两侧的微网之间通过信息流的互动实现能量流的互动，这样的模式不仅省去了长距离的输电线路网损，并且可以为消纳铁路新能源提供合理的负荷与顺畅的输送通道，更为实现铁路用能的自洽化发展提供合理的实施途径。

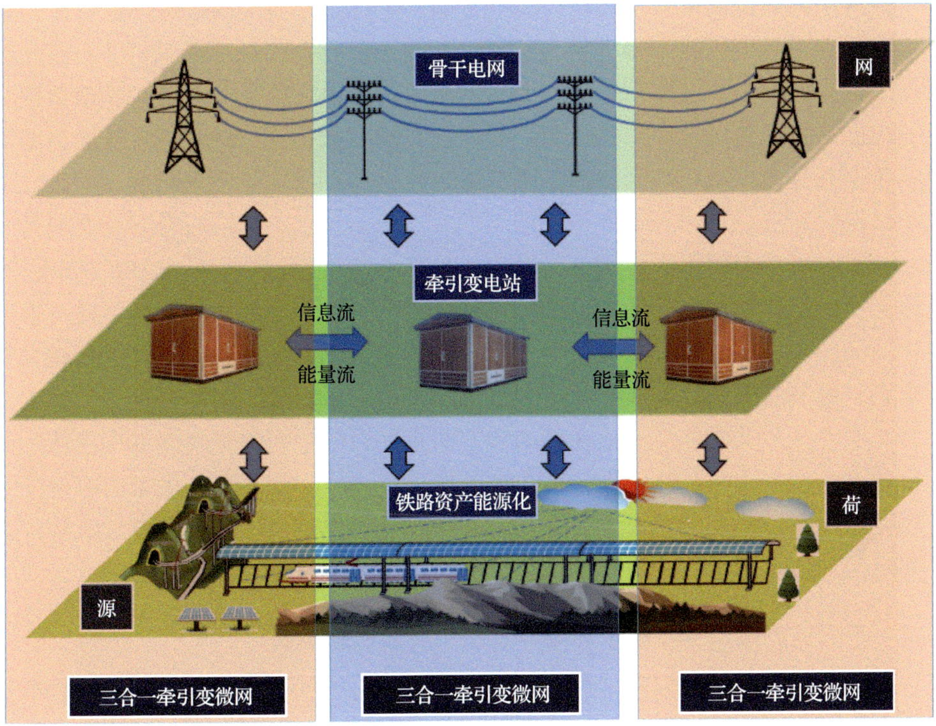

图 5.14　铁路做适应性调整所体现的网属性示意图——沿轨道分布的线性铁路新能源微网群

根据我国铁路的建设模式，铁路新能源分布式微网有两种运行模式。

(1) 对于电气化铁路，其分布式微网将在直接向负荷供电的同时与电网相连。当分布式微网供电不足时，由电网向负荷供电；当分布式微网发电有富余时，将富余电量输入大电网。此外，大电网同时还可以起到电压支撑的作用，帮助维持微网的稳定性。

(2) 对于非电气化铁路，其分布式微网将采用“孤岛”运行模式，即形成一个独立的供电系统，直接为铁路负荷供电。

3. 考虑交通荷属性的铁路能源系统演化新模式

铁路作为大功率、非线性和强波动的负荷，给电力系统电能质量带来了不可忽略的影响。电力系统的负荷随着铁路的负荷而波动，铁路的负荷呈现冲击特性时，电力系统的负荷也呈现出冲击特性，而铁路的负荷趋于平缓时，电力系统的负荷也趋于平缓。随着铁路源属性和网属性的迁移与演化，铁路的荷属性将逐渐减小对电网的冲击，具有新型的季节的耦合性、空间的分布性、时间和空间的不平稳性等特性。

铁路能源系统演化新模式在荷属性方面将呈现出季节的耦合性。在传统模式下，铁路系统用电仅由电网提供，对于电网来说铁路负荷四季基本相同。而在新模式下，光伏发电具有季节性。在春夏两季光伏发电量很高，可以满足铁路系统负荷用能需求，甚至实现余电上网；而在秋冬季节光伏发电量较少，从而需要从电网获取较多的电能。因此，对于电网来说，铁路系统负荷四季不再相同，呈现出季节特性。

交通能源系统演化新模式在荷属性方面将呈现出空间的分布性。传统模式下，铁路需要的电能都是由各地发电厂经过互联大电网后传输到负荷侧，再经过输配电站的降压及分配，最后提供给负荷。而在新模式下，铁路负荷不再由互联大电网供电，而是分配到大量的分布式微网中，呈现出分散特性。

交通能源系统演化新模式在荷属性方面将呈现出时间和空间的不平稳性。传统模式下，铁路的间歇冲击性负荷将直接作用于电网，危害电力系统的稳定性，影响电能质量。而在新模式下，铁路的间歇冲击性负荷将转移到各储能装置，避免对电网产生直接影响，并对负荷的冲击性进行了有效缓冲。

5.2.2 考虑能源做适应性调整的铁路能源系统演化新模式

铁路现有的用能形态完全依赖于电网，除非电气化线路外，铁路用能几乎全部需要电网进行供应。随着电气化铁路的建设速度的加快，铁路负荷对电力系统造成的影响如下。

(1) 冲击性负荷增大，对电力系统稳定性带来新的挑战，影响电力系统容量规划，调峰投资增多。

(2) 电力系统的峰值负荷增大，致使电力系统的容量增加，用电低谷与容量相差过大，浪费一部分容量。

(3) 在电气化铁路运行过程中，在启动、爬坡、制动等工况时会有较大的谐波分量出现。

谐波分量相应的电流进入电气设备，产生过负荷、过热等危害，并可能因运行的速度等因素造成谐波共振，且谐波分量过大会使相关仪表产生测量误差。采用单一能源供给对铁路系统带来的问题如下。

(1) 投资成本高。铁路线路分布往往在边远、地理位置特殊的区域，且在铁路沿线的地理区域内的负荷较小，使得当地电网的建设难度大、成本较高，阻碍了电气化铁路的发展和普及。

(2) 安全性难以保障。铁路负荷的增加对电网带来的大功率、强冲击性影响，使得铁路用电安全性指数大大降低。

因此，寻求多元化的能量供给方式和可持续性的能源使用模式，对于逐步减少铁路系统对电网的依赖性，提升铁路系统和电网系统的安全性均大有裨益。

能源做适应性调整的演化新模式可由传统大电网集中式供电转为以共享储能为中间件的微电网群互联供电，共享储能将成为蓄水池和缓冲池。

储能站由储能装置和放电装置组成，储存一定区域内的所有发电量，由于能源的分散化，每隔一定距离就应安装一个储能站。储能装置主要由电容式储能元件和蓄电池组成，电容式储能元件占地小，放电时间短但容量小，造价高，适合供给列车的冲击性负荷；蓄电池容量大，放电平稳，造价低但占地面积大，适合供给列车的基础负荷。因此储能站的储能容量应根据不同类型的电池特性、不同线路的列车运行特点及不同地域的铁路新能源出力特性按比例进行搭配。

由于电气化铁路具有的牵引变电站和接触网可以为新能源微网群的建设和能量流的输送提供最佳的路径，因此将储能站放入牵引变电站，同时与信息站形成三合一型牵引变储能站，如图 5.15 所示。

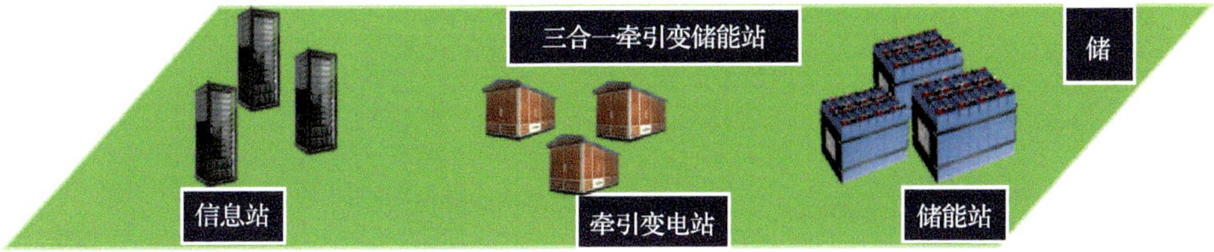

图 5.15 能源做适应性调整所体现的三合一型牵引变储能站示意图

储能站（系统）在铁路能源系统中的应用目的主要考虑配合光伏接入、能量储存、功率时移、提高电能质量、孤网运行等。例如，对于功率时移，提高供电可靠性，储能站就像一个蓄水池和缓冲池，可以把光伏发电高峰期富余的电能储存起来，在铁路负荷用电高峰再拿出来用，这样就大大提高了光伏供电的可靠性，减少了能源的浪费。

在一定区域内的光伏转化装置将太阳能转化为电能输送到储能站进行电能储存，储能站通过牵引网给列车提供电能，这就构成了“源-储-荷”的微网系统，减少了电能传输过程中的损耗。但光能受天气影响导致部分储能站电能不足或者储能站出现故障的情况将影响储能站对列车的正常供电，为了避免这种情况，需要进行储能站互联，即相邻的多个储能站相互连接，具有多余电量的储能站向需要电量的储能站供电以维持列车运行，如果向相邻的储能站提供剩余电量后依然有剩余电量，则采用余电上网的模式输送给电网，获得一定的收益，即共享储能调度策略是“先就地，再最近，后上网”，如图 5.16 所示。

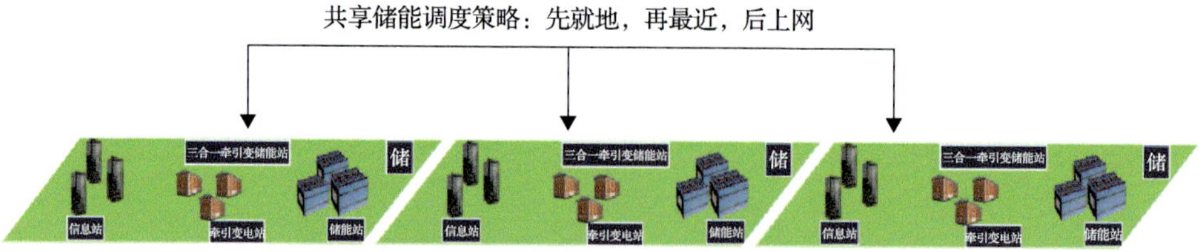

图 5.16　能源做适应性调整所体现的共享储能调度策略

5.2.3　考虑交通、能源共同做适应性调整的铁路能源系统演化新模式

通过 5.2.1 节和 5.2.2 节，可知铁路与能源共同做适应性调整的交通能源系统将兼具创能、送能、储能与用能四重属性，新型的铁路能源系统的运营管理模式将在新一代信息、通信和控制技术的支撑下朝向“源-网-荷-储”协同调度的方向逐步演进，如图 5.17 所示。

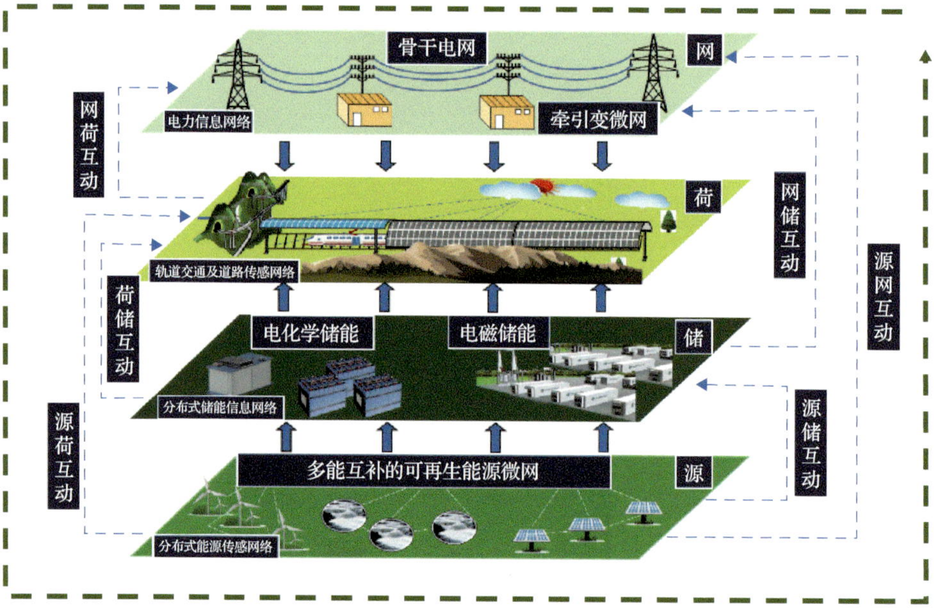

图 5.17　交通、能源共同做适应性调整所体现的“源-网-荷-储”四重属性示意图

新型铁路能源系统的建设和优化调度需要综合铁路光伏资源的出力特性、我国骨干电网的建设特性以及铁路负荷的分布特性三个方面，建设因地制宜、因网制宜以及因荷制宜的三网合一型铁路新能源融合网，其架构如图 5.18 所示。

根据我国的电网建设、铁路负荷及光伏资源特性，把电网的形态分为强电、无电和末端三类；把负荷的形态分为多负荷与少负荷；把光伏资源分为多光与少光，可以将我国地域分为以下八种类型(表 5.2)，每种类型的地域特性对应一种新模式，如图 5.4 所示。

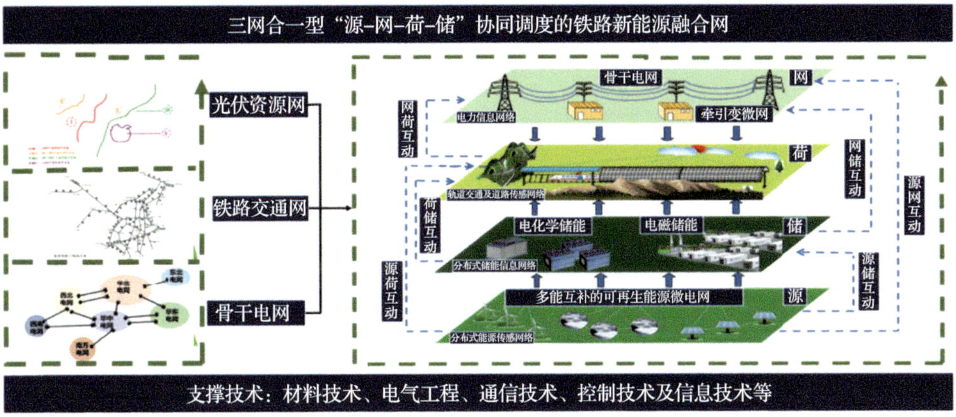

图 5.18　因地制宜、因网制宜以及因荷制宜的三网合一型铁路新能源融合网架构

表 5.2　针对我国不同区域的演化新模式

所属地区	场景特点	演化新模式
陕甘地区	末端+少负荷+多光	可再生+储能+微网为主+余电上网
西藏地区	无电+少负荷+多光	内燃机+可再生+微网+自给自足
华南地区	强电+多负荷+多光	可再生+储能+微网/电网+自给自足
云贵地区	强电+少负荷+多光	可再生+储能+微网+余电上网
华中地区	强电+多负荷+少光	可再生+储能+电网为主+网上购电
新疆地区	末端+少负荷+少光	可再生+储能+微网/电网+自给自足
东北地区	强电+少负荷+少光	可再生+储能+微网/电网+余电上网
川黔地区	无电+少负荷+少光	内燃机+可再生+微网+自给自足

根据光伏出力特性、电网布局特性以及负荷特性，以三网合一型铁路新能源融合网为总目标，可以将交通系统的融合模式分为交通与能源互动联系的演化新模式、交通与能源分别占主导地位的演化新模式两个视角；从铁路运输与能源系统之间的关系又可以分为交通专用的能源系统、交通适用的能源系统、交通特用的能源系统以及能源支持的交通系统四个维度，下面从两个视角和四个维度分别介绍以上八种模式，如图 5.19 所示。

1. 基于交通与能源互动联系的交通能源系统演化新模式

交通与能源互动联系的演化新模式包括以下四种场景：强电+多负荷+多光场景、强电+少负荷+多光场景、强电+少负荷+少光场景和末端+少负荷+多光场景。

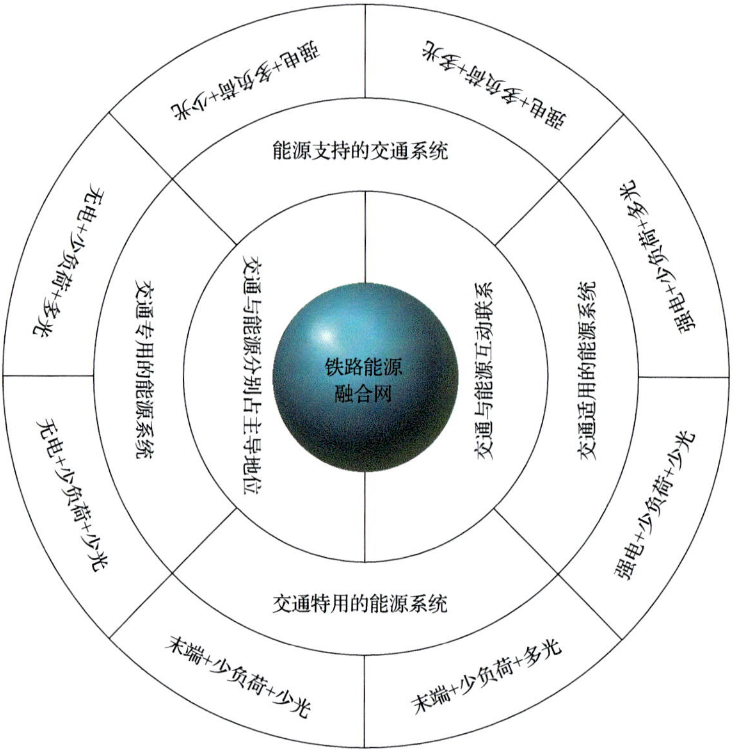

图 5.19　铁路能源融合网架构图(一个目标-两个视角-四个维度-八种模式)

1) 强电+多负荷+多光场景的演化新模式

强电+多负荷+多光场景(图 5.20)下，多光意味着有大量的可再生资源可以利用，列车正是良好的光伏转换载体和光伏消纳的负荷，可以通过储能装置保存能量；同时强电意味着该地区接入电网端容量充足，可根据具体情况采取微网或并网。因此，这种场景下采用的演化新模式是可再生+储能+微网/电网+自给自足。同时，此种场景下，负荷较大，需要电网、微网或电网/微网的同时出力，因此属于能源支持的交通系统。

2) 强电+少负荷+多光场景的演化新模式

强电+少负荷+多光场景(图 5.21)下，同样，多光意味着有大量的可再生资源可以利用，列车作为良好的光伏转换载体和光伏消纳的负荷，通过储能装置保存所产生的电能；强电意味着接入该地区的电网端电力充足，可以满足列车的冲击性负荷，不需要混合储能，根据具体情况可以采取微网或并网；少负荷意味着该地区出现余电的可能性大，除自给自足外剩下的电接入电网系统。因此，该场景下采取的演化新模式是可再生+储能+微网+余电上网。同时，此种场景下，负荷较小，而光伏资源和电力资源都很充足，因此该场景属于交通适用的能源系统。

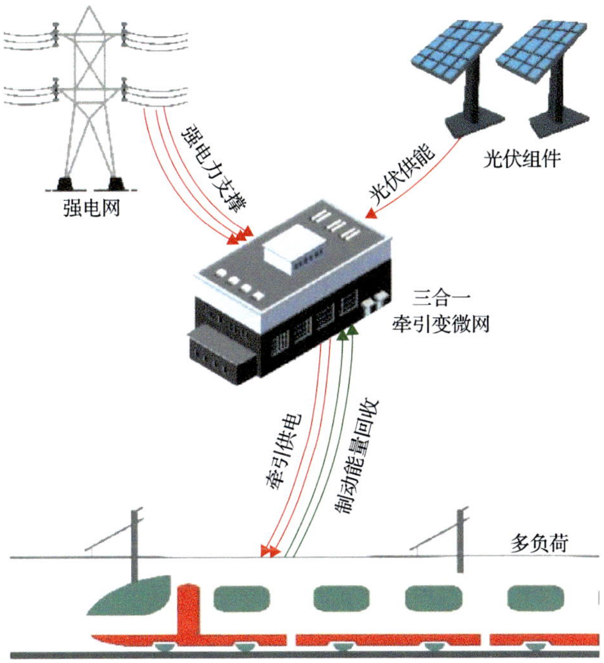

图 5.20 强电+多负荷+多光场景的演化新模式

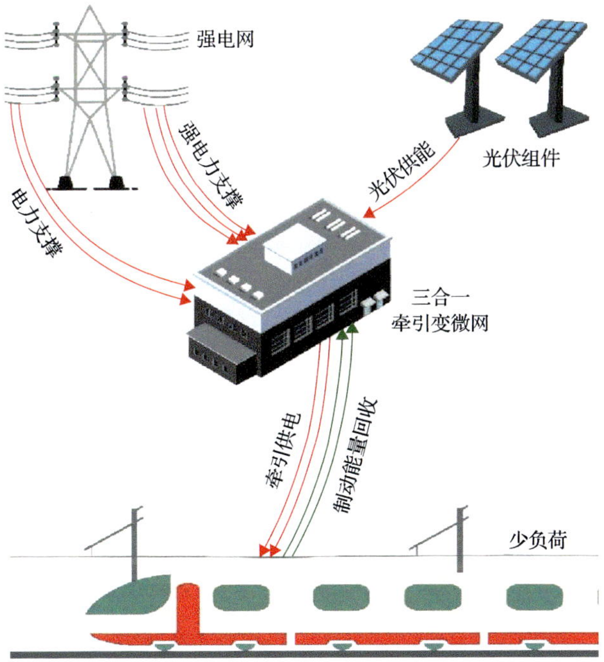

图 5.21 强电+少负荷+多光场景的演化新模式

3) 强电+少负荷+少光场景的演化新模式

强电+少负荷+少光场景(图 5.22)下，少光使得光伏出力较小，但是也可以满足少负荷的需求，如果有多余的光伏，则在转化后通过储能装置储存，根据具体情况采取微网或与电网联结的方式，自给自足外剩下的电接入电网系统，因此，此种场景下的演化新模式是可再生+储能+微网/电网+余电上网。同时，由于处于强电和少负荷区，此种模式属于交通适用的能源系统。

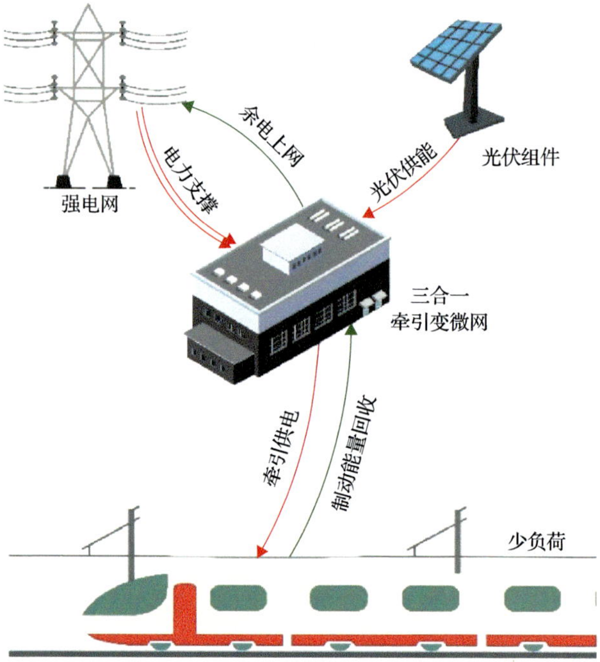

图 5.22　强电+少负荷+少光场景的演化新模式

4) 末端+少负荷+多光场景的演化新模式

末端+少负荷+多光场景(图 5.23)下，多光意味着有大量的可再生资源可以利用，由于负荷较少，此种场景下会产生余电，虽然位于电力系统末端，但多余的电力也可以接入电力系统。因此，此种场景下的演化新模式是可再生+储能+微网为主+余电上网。此外，此场景下，列车的负荷较小，同时地处电网的末端，余量上网的容量不大，因此，多光产生的电力主要供给列车用能，此种场景的演化新模式属于交通特用的能源系统。

2. 考虑交通与能源分别占主导地位的交通能源系统演化新模式

交通与能源分别占主导地位的演化新模式包括无电+少负荷+多光场景、强电+多负荷+少光场景、末端+少负荷+少光场景和无电+少负荷+少光场景。

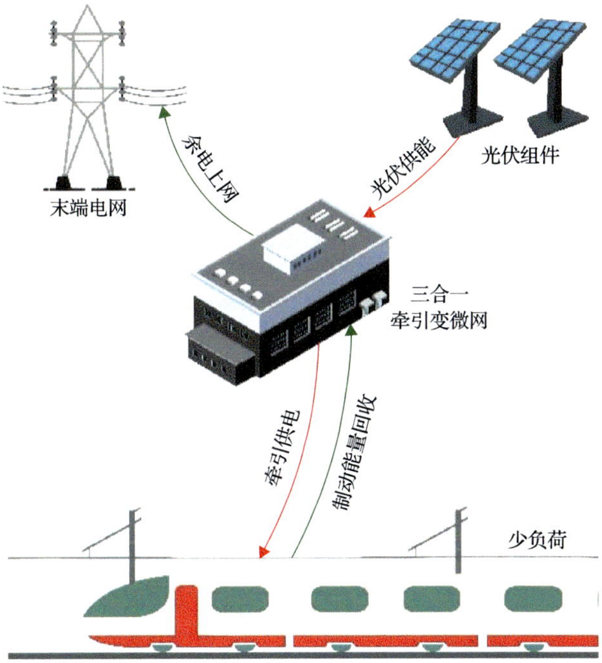

图 5.23　末端+少负荷+多光场景的演化新模式

1) 无电+少负荷+多光场景的演化新模式

无电+少负荷+多光场景(图 5.24)下，多光意味着有大量的可再生资源可以利用，同时负荷少，因此，此种场景下的光伏资源可以做到与负荷匹配，而且由于

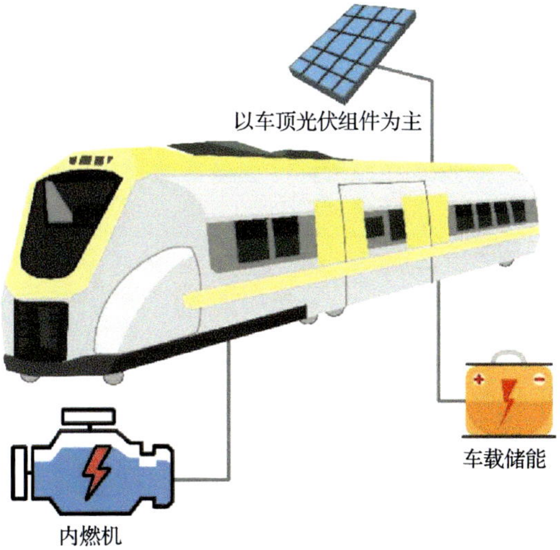

图 5.24　无电+少负荷+多光场景的演化新模式

没有电气化铁路网，此场景的演化模式将以微网为主进行自给自足，将内燃机作为保障，避免出现失去动力的情况，并且要满足列车运行的负荷要求，即此种场景的演化新模式是内燃机+可再生+微网+自给自足。同时，由于没有向电网输送电力，此种场景的演化新模式属于交通专用的能源系统。

2) 强电+多负荷+少光场景的演化新模式

强电+多负荷+少光场景(图 5.25)下，少光意味着光伏资源不充足，多负荷意味着需要主要依靠电网的供电来满足列车的负荷要求，可以在车站和列车上加装光伏转化元件，储存电能供小负荷，如照明负荷使用，即此场景的演化新模式是可再生+储能+电网为主+网上购电。同时，由于此场景下的列车用电需要电网的强力支撑，此场景的演化新模式属于能源支持的交通系统。

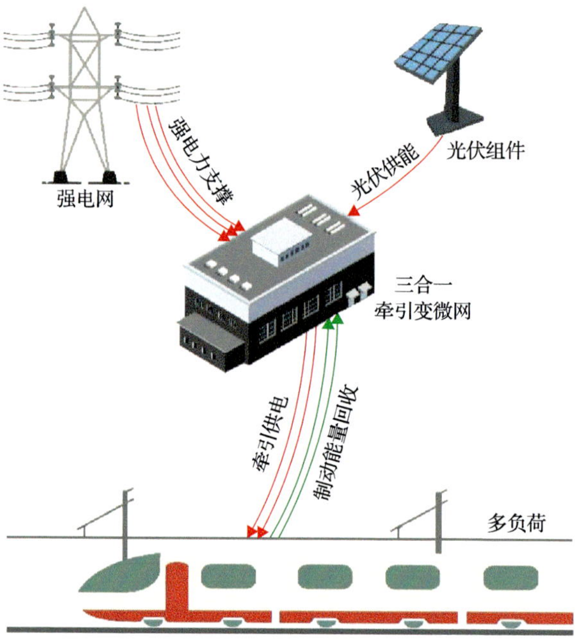

图 5.25　强电+多负荷+少光场景的演化新模式

3) 末端+少负荷+少光场景的演化新模式

末端+少负荷+少光场景(图 5.26)下，负荷较少，光伏资源也少，因此以自给自足为主，在自给自足后如有多余的电力则通过储能装置储存，根据具体情况采取微网或与电网联结的方式，即此种场景的演化新模式是可再生+储能+微网/电网+自给自足。同时，此场景下，列车的负荷较小，且具有一定的光伏资源，因此，此场景的演化新模式属于交通特用的能源系统。

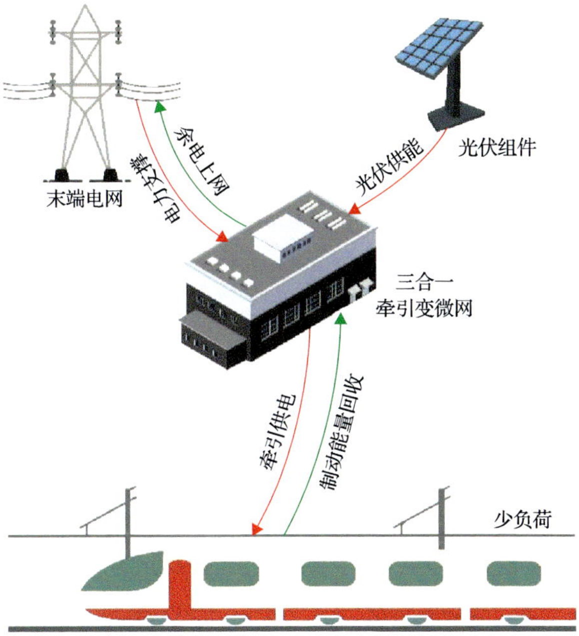

图 5.26　末端+少负荷+少光场景的演化新模式

4) 无电+少负荷+少光场景的演化新模式

无电+少负荷+少光场景(图 5.27)下，负荷较少，光伏资源也少，因此，光伏供电以自给自足为主，同时由于没有电气化铁路网，此种场景由内燃机作为保障，

图 5.27　无电+少负荷+少光场景的演化新模式

避免出现失去动力的情况，并且要满足列车运行的负荷要求，因此，此种场景的演化新模式是内燃机+可再生+微网+自给自足。同时，此种场景光伏所产生的电力没有向电网输送，专门供给列车负荷，因此，此种场景的演化新模式属于交通专用的能源系统。

附录1　我国主要高速公路系统潜在太阳能发电可装机容量

附表 1.1　京哈高速公路（G1）潜在太阳能发电可装机容量

安装方式		平单轴跟踪式			斜单轴跟踪式			双轴跟踪式		
并网电压等级/kV		10	110	330	10	110	330	10	110	330
可装机容量/10MW	10%	12.178	11.741	11.192	5.520	5.428	5.308	5.324	5.238	5.126
	20%	24.261	22.585	20.638	10.591	10.258	9.837	9.719	9.438	9.080
	30%	36.252	32.631	28.718	15.860	15.125	14.227	14.556	13.935	13.169

注：(1) 以北纬42.5°数据为典型值进行测算，路旁面积348.089hm^2，服务区面积130.200hm^2，总面积478.289hm^2；
(2) 10%、20%、30%为发电效率。

附表 1.2　京沪高速公路（G2）潜在太阳能发电可装机容量

安装方式		平单轴跟踪式			斜单轴跟踪式			双轴跟踪式		
并网电压等级/kV		10	110	330	10	110	330	10	110	330
可装机容量/10MW	10%	17.280	16.465	15.470	9.877	9.606	9.258	9.064	8.835	8.540
	20%	34.381	31.301	27.889	19.697	18.645	17.379	18.079	17.189	16.107
	30%	51.307	44.738	38.079	29.457	27.167	24.56	27.045	25.101	22.859

注：(1) 以北纬35°数据为典型值进行测算，路旁面积370.026hm^2，服务区面积141.148hm^2，总面积511.174hm^2；
(2) 10%、20%、30%为发电效率。

附表 1.3　京台高速公路（G3）潜在太阳能发电可装机容量

安装方式		平单轴跟踪式			斜单轴跟踪式			双轴跟踪式		
并网电压等级/kV		10	110	330	10	110	330	10	110	330
可装机容量/10MW	10%	28.993	27.549	25.797	17.575	17.034	16.347	16.128	15.671	15.088
	20%	57.670	52.227	46.267	35.034	32.948	30.472	32.158	30.391	28.273
	30%	86.036	74.459	62.906	52.377	47.848	42.799	48.091	44.245	39.892

注：(1) 以北纬35°数据为典型值进行测算，路旁面积616.654hm^2，服务区面积193.200hm^2，总面积809.854hm^2；
(2) 10%、20%、30%为发电效率。

附表 1.4　京港澳高速公路（G4）潜在太阳能发电可装机容量

安装方式		平单轴跟踪式			斜单轴跟踪式			双轴跟踪式		
并网电压等级/kV		10	110	330	10	110	330	10	110	330
可装机容量/10MW	10%	29.903	28.414	26.607	18.127	17.569	16.860	16.634	16.163	15.562
	20%	59.480	53.866	47.719	36.134	33.982	31.428	33.167	31.345	29.160
	30%	88.736	76.796	64.88	54.021	49.350	44.142	49.600	45.633	41.144

注：(1) 以北纬32.5°数据为典型值进行测算，路旁面积646.270hm^2，服务区面积189.000hm^2，总面积835.270hm^2；
(2) 10%、20%、30%为发电效率。

附表 1.5　京昆高速公路(G5)潜在太阳能发电可装机容量

安装方式		平单轴跟踪式			斜单轴跟踪式			双轴跟踪式		
并网电压等级/kV		10	110	330	10	110	330	10	110	330
可装机容量/10MW	10%	31.675	30.098	28.183	19.201	18.610	17.860	17.620	17.121	16.484
	20%	63.004	57.058	50.547	38.275	35.996	33.291	35.133	33.203	30.888
	30%	93.995	81.347	68.725	57.222	52.274	46.758	52.540	48.338	43.583

注：(1)以北纬32.5°数据为典型值进行测算，路旁面积691.571hm^2，服务区面积193.200hm^2，总面积884.771hm^2；
(2)10%、20%、30%为发电效率。

附表 1.6　京藏高速公路(G6)潜在太阳能发电可装机容量

安装方式		平单轴跟踪式			斜单轴跟踪式			双轴跟踪式		
并网电压等级/kV		10	110	330	10	110	330	10	110	330
可装机容量/10MW	10%	22.613	21.629	20.416	11.836	11.560	11.205	10.860	10.628	10.327
	20%	45.012	41.273	37.071	23.613	22.541	21.227	21.671	20.765	19.645
	30%	67.200	59.195	50.916	35.331	32.986	30.246	32.433	30.446	28.097

注：(1)以北纬37.5°数据为典型值进行测算，路旁面积567.636hm^2，服务区面积159.600hm^2，总面积727.236hm^2；
(2)10%、20%、30%为发电效率。

附表 1.7　京新高速公路(G7)潜在太阳能发电可装机容量

安装方式		平单轴跟踪式			斜单轴跟踪式			双轴跟踪式		
并网电压等级/kV		10	110	330	10	110	330	10	110	330
可装机容量/10MW	10%	23.330	22.492	21.441	10.575	10.400	10.169	10.199	10.036	9.821
	20%	46.480	43.267	39.538	20.290	19.653	18.846	18.619	18.082	17.396
	30%	69.451	62.514	55.018	30.384	28.977	27.256	27.886	26.697	25.229

注：(1)以北纬42.5°数据为典型值进行测算，路旁面积773.496hm^2，服务区面积142.800hm^2，总面积916.296hm^2；
(2)10%、20%、30%为发电效率。

附表 1.8　鹤大高速公路(G11)潜在太阳能发电可装机容量

安装方式		平单轴跟踪式			斜单轴跟踪式			双轴跟踪式		
并网电压等级/kV		10	110	330	10	110	330	10	110	330
可装机容量/10MW	10%	12.275	11.834	11.281	5.564	5.472	5.350	5.366	5.280	5.167
	20%	24.454	22.764	20.802	10.675	10.340	9.915	9.796	9.513	9.153
	30%	36.540	32.890	28.946	15.986	15.246	14.340	14.672	14.046	13.274

注：(1)以北纬37.5°数据为典型值进行测算，路旁面积389.688hm^2，服务区面积92.4hm^2，总面积482.088hm^2；
(2)10%、20%、30%为发电效率。

附表 1.9　沈海高速公路(G15)潜在太阳能发电可装机容量

安装方式		平单轴跟踪式			斜单轴跟踪式			双轴跟踪式		
并网电压等级/kV		10	110	330	10	110	330	10	110	330
可装机容量/10MW	10%	50.622	47.951	44.732	32.927	31.776	30.330	30.217	29.245	28.015
	20%	100.658	90.621	79.771	65.607	61.189	56.042	60.225	56.482	52.068
	30%	150.118	128.837	107.96	98.04	88.493	78.118	90.026	81.912	72.944

注: (1) 以北纬37.5°数据为典型值进行测算,路旁面积1015.499hm^2,服务区面积315.000hm^2,总面积1330.499hm^2;
(2) 10%、20%、30%为发电效率。

附表 1.10　长深高速公路(G25)潜在太阳能发电可装机容量

安装方式		平单轴跟踪式			斜单轴跟踪式			双轴跟踪式		
并网电压等级/kV		10	110	330	10	110	330	10	110	330
可装机容量/10MW	10%	42.684	40.671	38.213	24.399	23.727	22.869	22.389	21.823	21.095
	20%	84.926	77.318	68.889	48.654	46.056	42.929	44.657	42.459	39.787
	30%	126.736	110.509	94.061	72.764	67.106	60.668	66.805	62.002	56.465

注: (1) 以北纬35°数据为典型值进行测算,路旁面积981.274hm^2,服务区面积281.400hm^2,总面积1262.674hm^2;
(2) 10%、20%、30%为发电效率。

附表 1.11　济广高速公路(G35)潜在太阳能发电可装机容量

安装方式		平单轴跟踪式			斜单轴跟踪式			双轴跟踪式		
并网电压等级/kV		10	110	330	10	110	330	10	110	330
可装机容量/10MW	10%	28.039	26.560	24.777	18.238	17.601	16.800	16.737	16.199	15.518
	20%	55.754	50.195	44.185	36.339	33.893	31.042	33.359	31.285	28.840
	30%	83.150	71.362	59.799	54.304	49.016	43.269	49.865	45.371	40.404

注: (1) 以北纬30°数据为典型值进行测算,路旁面积560.560hm^2,服务区面积176.400hm^2,总面积736.960hm^2;
(2) 10%、20%、30%为发电效率。

附表 1.12　大广高速公路(G45)潜在太阳能发电可装机容量

安装方式		平单轴跟踪式			斜单轴跟踪式			双轴跟踪式		
并网电压等级/kV		10	110	330	10	110	330	10	110	330
可装机容量/10MW	10%	42.449	40.448	38.003	24.265	23.597	22.744	22.266	21.703	20.979
	20%	84.459	76.893	68.511	48.387	45.803	42.693	44.412	42.225	39.568
	30%	126.040	109.902	93.544	72.364	66.738	60.334	66.438	61.662	56.155

注: (1) 以北纬35°数据为典型值进行测算,路旁面积982.738hm^2,服务区面积273.000hm^2,总面积1255.738hm^2;
(2) 10%、20%、30%为发电效率。

附表 1.13　绥满高速公路（G10）潜在太阳能发电可装机容量

安装方式		平单轴跟踪式			斜单轴跟踪式			双轴跟踪式		
并网电压等级/kV		10	110	330	10	110	330	10	110	330
可装机容量/10MW	10%	7.499	7.300	7.046	3.948	3.892	3.818	3.948	3.892	3.818
	20%	14.955	14.185	13.254	5.143	5.048	4.925	4.987	4.898	4.782
	30%	22.369	20.689	18.767	7.687	7.479	7.211	7.054	6.878	6.651

注：(1) 以北纬 47.5°数据为典型值进行测算，路旁面积 323.458hm^2，服务区面积 79.800hm^2，总面积 403.258hm^2；(2) 10%、20%、30%为发电效率。

附表 1.14　珲乌高速公路（G12）潜在太阳能发电可装机容量

安装方式		平单轴跟踪式			斜单轴跟踪式			双轴跟踪式		
并网电压等级/kV		10	110	330	10	110	330	10	110	330
可装机容量/10MW	10%	7.328	7.091	6.792	3.143	3.099	3.040	3.143	3.099	3.040
	20%	14.606	13.694	12.619	5.872	5.719	5.523	5.389	5.259	5.093
	30%	21.833	19.856	17.673	8.796	8.457	8.034	8.073	7.786	7.426

注：(1) 以北纬 45°数据为典型值进行测算，路旁面积 249.672hm^2，服务区面积 71.400hm^2，总面积 321.072hm^2；(2) 10%、20%、30%为发电效率。

附表 1.15　丹锡高速公路（G16）潜在太阳能发电可装机容量

安装方式		平单轴跟踪式			斜单轴跟踪式			双轴跟踪式		
并网电压等级/kV		10	110	330	10	110	330	10	110	330
可装机容量/10MW	10%	6.002	5.786	5.516	2.721	2.675	2.616	2.624	2.582	2.527
	20%	11.958	11.131	10.172	5.220	5.056	4.848	4.790	4.652	4.475
	30%	17.867	16.083	14.154	7.817	7.455	7.012	7.174	6.868	6.491

注：(1) 以北纬 42.5°数据为典型值进行测算，路旁面积 197.931hm^2，服务区面积 37.800hm^2，总面积 235.731hm^2；(2) 10%、20%、30%为发电效率。

附表 1.16　荣乌高速公路（G18）潜在太阳能发电可装机容量

安装方式		平单轴跟踪式			斜单轴跟踪式			双轴跟踪式		
并网电压等级/kV		10	110	330	10	110	330	10	110	330
可装机容量/10MW	10%	15.532	14.904	14.124	7.584	7.432	7.233	6.959	6.830	6.662
	20%	30.928	28.533	25.808	15.136	14.539	13.797	13.891	13.387	12.755
	30%	46.189	41.045	35.632	22.656	21.344	19.781	20.796	19.685	18.348

注：(1) 以北纬 40°数据为典型值进行测算，路旁面积 447.133hm^2，服务区面积 92.400hm^2，总面积 539.533hm^2；(2) 10%、20%、30%为发电效率。

附表 1.17 青银高速公路(G20)潜在太阳能发电可装机容量

安装方式		平单轴跟踪式			斜单轴跟踪式			双轴跟踪式		
并网电压等级/kV		10	110	330	10	110	330	10	110	330
可装机容量/10MW	10%	16.032	15.335	14.475	8.391	8.196	7.944	7.700	7.535	7.322
	20%	31.913	29.262	26.283	16.741	15.981	15.050	15.365	14.722	13.928
	30%	47.644	41.968	36.099	25.049	23.386	21.444	22.995	21.585	19.920

注：(1) 以北纬 37.5°数据为典型值进行测算，路旁面积 410.600hm^2，服务区面积 105.000hm^2，总面积 515.600hm^2；
(2) 10%、20%、30%为发电效率。

附表 1.18 连霍高速公路(G30)潜在太阳能发电可装机容量

安装方式		平单轴跟踪式			斜单轴跟踪式			双轴跟踪式		
并网电压等级/kV		10	110	330	10	110	330	10	110	330
可装机容量/10MW	10%	40.070	38.451	36.439	19.567	19.173	18.659	17.954	17.622	17.187
	20%	79.791	73.613	66.581	39.050	37.510	35.594	35.838	34.536	32.906
	30%	119.163	105.892	91.926	58.451	55.066	51.034	53.652	50.786	47.337

注：(1) 以北纬 40°数据为典型值进行测算，路旁面积 1156.747hm^2，服务区面积 235.200hm^2，总面积 1391.947hm^2；
(2) 10%、20%、30%为发电效率。

附表 1.19 宁洛高速公路(G36)潜在太阳能发电可装机容量

安装方式		平单轴跟踪式			斜单轴跟踪式			双轴跟踪式		
并网电压等级/kV		10	110	330	10	110	330	10	110	330
可装机容量/10MW	10%	9.860	9.369	8.773	5.977	5.793	5.559	5.485	5.329	5.131
	20%	19.611	17.760	15.734	11.914	11.204	10.362	10.936	10.335	9.614
	30%	29.257	25.321	21.392	17.811	16.271	14.554	16.354	15.046	13.566

注：(1) 以北纬 32.5°数据为典型值进行测算，路旁面积 216.6hm^2，服务区面积 58.8hm^2，总面积 275.4hm^2；
(2) 10%、20%、30%为发电效率。

附表 1.20 沪陕高速公路(G40)潜在太阳能发电可装机容量

安装方式		平单轴跟踪式			斜单轴跟踪式			双轴跟踪式		
并网电压等级/kV		10	110	330	10	110	330	10	110	330
可装机容量/10MW	10%	19.748	18.765	17.571	11.971	11.602	11.135	10.985	10.674	10.277
	20%	39.281	35.574	31.514	23.863	22.442	20.756	21.904	20.701	19.258
	30%	58.602	50.717	42.848	35.676	32.591	29.152	32.757	30.137	27.172

注：(1) 以北纬 32.5°数据为典型值进行测算，路旁面积 417.221hm^2，服务区面积 134.400hm^2，总面积 551.621hm^2；
(2) 10%、20%、30%为发电效率。

附表 1.21 辽中环线高速公路(G91)潜在太阳能发电可装机容量

安装方式		平单轴跟踪式			斜单轴跟踪式			双轴跟踪式		
并网电压等级/kV		10	110	330	10	110	330	10	110	330
可装机容量/10MW	10%	3.720	3.570	3.383	1.817	1.780	1.732	1.667	1.636	1.596
	20%	7.408	6.835	6.182	3.626	3.483	3.305	3.327	3.207	3.055
	30%	11.064	9.831	8.535	5.427	5.113	4.738	4.981	4.715	4.395

注:(1)以北纬 40°数据为典型值进行测算,路旁面积 104.034hm^2,服务区面积 25.200hm^2,总面积 129.234hm^2;(2)10%、20%、30%为发电效率。

附表 1.22 杭州湾环线高速公路(G92)潜在太阳能发电可装机容量

安装方式		平单轴跟踪式			斜单轴跟踪式			双轴跟踪式		
并网电压等级/kV		10	110	330	10	110	330	10	110	330
可装机容量/10MW	10%	4.659	4.413	4.117	3.030	2.924	2.791	2.781	2.691	2.578
	20%	9.263	8.340	7.341	6.038	5.631	5.157	5.542	5.198	4.792
	30%	13.815	11.857	9.935	9.022	8.144	7.189	8.285	7.538	6.713

注:(1)以北纬 30°数据为典型值进行测算,路旁面积 93.043hm^2,服务区面积 29.400hm^2,总面积 122.443hm^2;(2)10%、20%、30%为发电效率。

附表 1.23 成渝环线高速公路(G93)潜在太阳能发电可装机容量

安装方式		平单轴跟踪式			斜单轴跟踪式			双轴跟踪式		
并网电压等级/kV		10	110	330	10	110	330	10	110	330
可装机容量/10MW	10%	11.365	10.765	10.043	7.392	7.134	6.809	6.784	6.566	6.290
	20%	22.598	20.345	17.909	14.729	13.737	12.582	13.521	12.681	11.69
	30%	33.702	28.925	24.238	22.011	19.867	17.538	20.211	18.39	16.376

注:(1)以北纬 30°数据为典型值进行测算,路旁面积 252.504hm^2,服务区面积 46.200hm^2,总面积 298.704hm^2;(2)10%、20%、30%为发电效率。

附表 1.24 珠三角环线高速公路(G94)潜在太阳能发电可装机容量

安装方式		平单轴跟踪式			斜单轴跟踪式			双轴跟踪式		
并网电压等级/kV		10	110	330	10	110	330	10	110	330
可装机容量/10MW	10%	7.250	6.819	6.308	5.478	5.229	4.923	5.028	4.817	4.556
	20%	14.405	12.799	11.110	10.902	9.957	8.904	10.010	9.207	8.299
	30%	21.465	18.086	14.887	16.271	14.253	12.189	14.946	13.225	11.430

注:(1)以北纬 22.5°数据为典型值进行测算,路旁面积 134.516hm^2,服务区面积 33.600hm^2,总面积 168.116hm^2;(2)10%、20%、30%为发电效率。

附表 1.25 首都环线高速公路(G95)潜在太阳能发电可装机容量

安装方式		平单轴跟踪式			斜单轴跟踪式			双轴跟踪式		
并网电压等级/kV		10	110	330	10	110	330	10	110	330
可装机容量/10MW	10%	10.523	10.098	9.570	5.139	5.035	4.900	4.715	4.628	4.514
	20%	20.955	19.333	17.486	10.256	9.851	9.348	9.412	9.070	8.642
	30%	31.295	27.81	24.142	15.351	14.462	13.403	14.09	13.338	12.432

注：(1) 以北纬 40°数据为典型值进行测算，路旁面积 294.158hm^2，服务区面积 71.400hm^2，总面积 365.558hm^2；
(2) 10%、20%、30%为发电效率。

附表 1.26 海南环线高速公路(G98)潜在太阳能发电可装机容量

安装方式		平单轴跟踪式			斜单轴跟踪式			双轴跟踪式		
并网电压等级/kV		10	110	330	10	110	330	10	110	330
可装机容量/10MW	10%	10.006	9.391	8.665	7.929	7.538	7.063	7.278	6.947	6.541
	20%	19.877	17.59	15.203	15.773	14.298	12.680	14.483	13.230	11.833
	30%	29.612	24.807	20.311	23.532	20.395	17.255	21.618	18.940	16.202

注：(1) 以北纬 20°数据为典型值进行测算，路旁面积 165.009hm^2，服务区面积 58.800hm^2，总面积 223.809hm^2；
(2) 10%、20%、30%为发电效率。

附录 2　我国高铁系统潜在太阳能发电可装机容量

附表 2.1　京港客运专线潜在太阳能发电可装机容量

安装方式		平单轴跟踪式			斜单轴跟踪式			双轴跟踪式		
并网电压等级/kV		10	110	330	10	110	330	10	110	330
可装机容量/10MW	10%	19.022	18.075	16.925	11.531	11.176	10.725	10.582	10.282	9.899
	20%	37.837	34.266	30.356	22.986	21.617	19.993	21.099	19.940	18.550
	30%	56.448	48.852	41.273	34.364	31.393	28.08	31.552	29.029	26.173

注：(1) 以北纬 32.5°数据为典型值进行测算，总面积 531.341hm^2；

(2) 10%、20%、30%为发电效率。

附表 2.2　京沪高铁潜在太阳能发电可装机容量

安装方式		平单轴跟踪式			斜单轴跟踪式			双轴跟踪式		
并网电压等级/kV		10	110	330	10	110	330	10	110	330
可装机容量/10MW	10%	24	23	21	14	13	12	13	12	11
	20%	48	43	38	27	26	24	25	24	22
	30%	71	62	52	41	38	34	37	34	32

注：(1) 以北纬 35°数据为典型值进行测算：总面积 675hm^2；

(2) 10%、20%、30%为发电效率。

附表 2.3　哈大盘营客运专线潜在太阳能发电可装机容量

安装方式		平单轴跟踪式			斜单轴跟踪式			双轴跟踪式		
并网电压等级/kV		10	110	330	10	110	330	10	110	330
可装机容量/10MW	10%	7.101	6.814	6.458	3.468	3.398	3.307	3.182	3.123	3.046
	20%	14.141	13.046	11.800	6.921	6.648	6.308	6.352	6.121	5.832
	30%	21.119	18.767	16.292	10.359	9.759	9.045	9.509	9.001	8.389

注：(1) 以北纬 40°数据为典型值进行测算，总面积 246.688hm^2；

(2) 10%、20%、30%为发电效率。

附表 2.4　徐兰客运专线潜在太阳能发电可装机容量

安装方式		平单轴跟踪式			斜单轴跟踪式			双轴跟踪式		
并网电压等级/kV		10	110	330	10	110	330	10	110	330
可装机容量/10MW	10%	5.443	5.186	4.873	3.111	3.026	2.916	2.855	2.783	2.690
	20%	10.829	9.859	8.784	6.204	5.873	5.474	5.694	5.414	5.073
	30%	16.161	14.092	11.994	9.278	8.557	7.736	8.518	7.906	7.200

注：(1) 以北纬 35°数据为典型值进行测算，总面积 161.008hm^2；

(2) 10%、20%、30%为发电效率。

附表 2.5　沪昆客运专线潜在太阳能发电可装机容量

安装方式		平单轴跟踪式			斜单轴跟踪式			双轴跟踪式		
并网电压等级/kV		10	110	330	10	110	330	10	110	330
可装机容量/10MW	10%	14.228	13.446	12.507	9.728	9.356	8.892	8.928	8.613	8.218
	20%	28.285	25.351	22.209	19.376	17.952	16.317	17.788	16.581	15.177
	30%	42.171	35.967	29.953	28.944	25.879	22.613	26.581	23.973	21.144

注：(1) 以北纬 27.5°数据为典型值进行测算，总面积 357.804hm^2；
(2) 10%、20%、30%为发电效率。

附表 2.6　京福客运专线潜在太阳能发电可装机容量

安装方式		平单轴跟踪式			斜单轴跟踪式			双轴跟踪式		
并网电压等级/kV		10	110	330	10	110	330	10	110	330
可装机容量/10MW	10%	5.028	4.777	4.473	3.048	2.954	2.835	2.797	2.717	2.616
	20%	10.000	9.056	8.023	6.075	5.713	5.284	5.576	5.270	4.903
	30%	14.919	12.912	10.908	9.082	8.297	7.421	8.339	7.672	6.918

注：(1) 以北纬 32.5°数据为典型值进行测算，总面积 140.432hm^2；
(2) 10%、20%、30%为发电效率。

附表 2.7　京津城际铁路潜在太阳能发电可装机容量

安装方式		平单轴跟踪式			斜单轴跟踪式			双轴跟踪式		
并网电压等级/kV		10	110	330	10	110	330	10	110	330
可装机容量/10MW	10%	0.325	0.312	0.296	0.159	0.156	0.152	0.146	0.143	0.140
	20%	0.647	0.597	0.540	0.317	0.304	0.289	0.291	0.280	0.267
	30%	0.967	0.859	0.746	0.474	0.447	0.414	0.435	0.412	0.384

注：(1) 以北纬 40°数据为典型值进行测算，总面积 11.291hm^2；
(2) 10%、20%、30%为发电效率。

附表 2.8　沪宁城际铁路潜在太阳能发电可装机容量

安装方式		平单轴跟踪式			斜单轴跟踪式			双轴跟踪式		
并网电压等级/kV		10	110	330	10	110	330	10	110	330
可装机容量/10MW	10%	2.501	2.369	2.210	1.627	1.570	1.499	1.493	1.445	1.384
	20%	4.973	4.478	3.941	3.242	3.023	2.769	2.976	2.791	2.573
	30%	7.417	6.366	5.334	4.844	4.372	3.860	4.448	4.047	3.604

注：(1) 以北纬 30°数据为典型值进行测算，总面积 65.739hm^2；
(2) 10%、20%、30%为发电效率。

附表 2.9　宁杭客运专线潜在太阳能发电可装机容量

安装方式		平单轴跟踪式			斜单轴跟踪式			双轴跟踪式		
并网电压等级/kV		10	110	330	10	110	330	10	110	330
可装机容量/10MW	10%	1.980	1.875	1.749	1.288	1.243	1.186	1.182	1.144	1.096
	20%	3.936	3.544	3.119	2.565	2.393	2.192	2.355	2.209	2.036
	30%	5.870	5.038	4.222	3.834	3.460	3.055	3.520	3.203	2.852

注：(1) 以北纬 30°数据为典型值进行测算，总面积 52.027hm^2；
(2) 10%、20%、30%为发电效率。

附表 2.10　成渝客运专线潜在太阳能发电可装机容量

安装方式		平单轴跟踪式			斜单轴跟踪式			双轴跟踪式		
并网电压等级/kV		10	110	330	10	110	330	10	110	330
可装机容量/10MW	10%	3.208	3.039	2.835	2.087	2.014	1.922	1.915	1.853	1.776
	20%	6.380	5.743	5.056	4.158	3.878	3.552	3.817	3.580	3.300
	30%	9.514	8.165	6.842	6.213	5.609	4.951	5.706	5.191	4.623

注：(1) 以北纬 30°数据为典型值进行测算，总面积 84.323hm^2；
(2) 10%、20%、30%为发电效率。

附表 2.11　大西客运专线潜在太阳能发电可装机容量

安装方式		平单轴跟踪式			斜单轴跟踪式			双轴跟踪式		
并网电压等级/kV		10	110	330	10	110	330	10	110	330
可装机容量/10MW	10%	4.701	4.496	4.244	2.461	2.403	2.329	2.258	2.209	2.147
	20%	9.358	8.580	7.707	4.909	4.686	4.413	4.505	4.317	4.084
	30%	13.970	12.306	10.585	7.345	6.857	6.288	6.742	6.329	5.841

注：(1) 以北纬 37.5°数据为典型值进行测算，总面积 151.184hm^2；
(2) 10%、20%、30%为发电效率。

附表 2.12　兰新客运专线潜在太阳能发电可装机容量

安装方式		平单轴跟踪式			斜单轴跟踪式			双轴跟踪式		
并网电压等级/kV		10	110	330	10	110	330	10	110	330
可装机容量/10MW	10%	25.499	24.469	23.189	12.452	12.201	11.874	11.426	11.214	10.937
	20%	50.776	46.845	42.370	24.850	23.870	22.651	22.806	21.978	20.940
	30%	75.831	67.386	58.498	37.196	35.042	32.476	34.142	32.318	30.124

注：(1) 以北纬 40°数据为典型值进行测算，总面积 885.785hm^2；
(2) 10%、20%、30%为发电效率。

附表 2.13 哈齐高铁潜在太阳能发电可装机容量

安装方式		平单轴跟踪式			斜单轴跟踪式			双轴跟踪式		
并网电压等级/kV		10	110	330	10	110	330	10	110	330
可装机容量/10MW	10%	2.605	2.521	2.414	1.117	1.101	1.081	1.117	1.101	1.081
	20%	5.191	4.868	4.485	2.087	2.033	1.963	1.915	1.869	1.810
	30%	7.760	7.058	6.282	3.126	3.006	2.856	2.869	2.768	2.640

注：(1) 以北纬 45°数据为典型值进行测算，总面积 114.120hm^2；
(2) 10%、20%、30%为发电效率。

附表 2.14 贵广客运专线潜在太阳能发电可装机容量

安装方式		平单轴跟踪式			斜单轴跟踪式			双轴跟踪式		
并网电压等级/kV		10	110	330	10	110	330	10	110	330
可装机容量/10MW	10%	4.911	4.629	4.292	3.557	3.406	3.221	3.264	3.137	2.979
	20%	9.759	8.705	7.586	7.081	6.508	5.862	6.501	6.015	5.459
	30%	14.546	12.322	10.194	10.572	9.346	8.069	9.710	8.666	7.557

注：(1) 以北纬 25°数据为典型值进行测算，总面积 117.912hm^2；
(2) 10%、20%、30%为发电效率。

附表 2.15 沈丹客运专线潜在太阳能发电可装机容量

安装方式		平单轴跟踪式			斜单轴跟踪式			双轴跟踪式		
并网电压等级/kV		10	110	330	10	110	330	10	110	330
可装机容量/10MW	10%	0.934	0.896	0.849	0.456	0.447	0.435	0.419	0.411	0.401
	20%	1.860	1.716	1.552	0.910	0.874	0.830	0.836	0.805	0.767
	30%	2.778	2.469	2.143	1.363	1.284	1.190	1.251	1.184	1.104

注：(1) 以北纬 40°数据为典型值进行测算，总面积 32.448hm^2；
(2) 10%、20%、30%为发电效率。

附表 2.16 长吉珲城际高铁潜在太阳能发电可装机容量

安装方式		平单轴跟踪式			斜单轴跟踪式			双轴跟踪式		
并网电压等级/kV		10	110	330	10	110	330	10	110	330
可装机容量/10MW	10%	2.709	2.622	2.511	1.162	1.146	1.124	1.162	1.146	1.124
	20%	5.399	5.062	4.665	2.171	2.114	2.042	1.992	1.944	1.883
	30%	8.071	7.340	6.533	3.252	3.126	2.970	2.984	2.878	2.745

注：(1) 以北纬 45°数据为典型值进行测算，总面积 118.693hm^2；
(2) 10%、20%、30%为发电效率。

附表 2.17 津秦—秦沈客运专线潜在太阳能发电可装机容量

安装方式		平单轴跟踪式			斜单轴跟踪式			双轴跟踪式		
并网电压等级/kV		10	110	330	10	110	330	10	110	330
可装机容量/10MW	10%	9.870	9.471	8.976	4.820	4.722	4.596	4.422	4.340	4.233
	20%	19.653	18.132	16.400	9.618	9.239	8.767	8.827	8.507	8.105
	30%	29.351	26.082	22.642	14.397	13.563	12.570	13.215	12.509	11.660

注：(1) 以北纬 40°数据为典型值进行测算，总面积 342.851hm^2；
(2) 10%、20%、30%为发电效率。

附表 2.18 西成客运专线潜在太阳能发电可装机容量

安装方式		平单轴跟踪式			斜单轴跟踪式			双轴跟踪式		
并网电压等级/kV		10	110	330	10	110	330	10	110	330
可装机容量/10MW	10%	0.961	0.913	0.855	0.583	0.565	0.542	0.535	0.520	0.500
	20%	1.912	1.731	1.534	1.161	1.092	1.010	1.066	1.008	0.937
	30%	2.852	2.468	2.085	1.736	1.586	1.419	1.594	1.467	1.322

注：(1) 以北纬 32.5°数据为典型值进行测算，总面积 26.845hm^2；
(2) 10%、20%、30%为发电效率。

附表 2.19 郑渝客运专线潜在太阳能发电可装机容量

安装方式		平单轴跟踪式			斜单轴跟踪式			双轴跟踪式		
并网电压等级/kV		10	110	330	10	110	330	10	110	330
可装机容量/10MW	10%	2.130	2.018	1.882	1.385	1.337	1.276	1.272	1.230	1.179
	20%	4.235	3.813	3.356	2.760	2.574	2.358	2.534	2.377	2.191
	30%	6.316	5.421	4.542	4.125	3.723	3.287	3.788	3.446	3.069

注：(1) 以北纬 30°数据为典型值进行测算，总面积 55.979hm^2；
(2) 10%、20%、30%为发电效率。

附表 2.20 沪汉蓉高铁潜在太阳能发电可装机容量

安装方式		平单轴跟踪式			斜单轴跟踪式			双轴跟踪式		
并网电压等级/kV		10	110	330	10	110	330	10	110	330
可装机容量/10MW	10%	23.618	22.372	20.870	15.363	14.825	14.150	14.098	13.645	13.071
	20%	46.963	42.280	37.218	30.609	28.548	26.147	28.099	26.352	24.293
	30%	70.039	60.110	50.370	45.741	41.287	36.446	42.002	38.217	34.033

注：(1) 以北纬 30°数据为典型值进行测算，总面积 620.755hm^2；
(2) 10%、20%、30%为发电效率。

附表 2.21 衡柳线—柳南客运专线潜在太阳能发电可装机容量

安装方式		平单轴跟踪式			斜单轴跟踪式			双轴跟踪式		
并网电压等级/kV		10	110	330	10	110	330	10	110	330
可装机容量/10MW	10%	11.715	11.042	10.240	8.485	8.126	7.683	7.787	7.484	7.106
	20%	23.282	20.766	18.098	16.892	15.527	13.985	15.509	14.350	13.024
	30%	34.702	29.397	24.319	25.222	22.295	19.248	23.165	20.673	18.027

注：(1) 以北纬 40°数据为典型值进行测算，总面积 140.160hm^2；
(2) 10%、20%、30%为发电效率。

附表 2.22 丹大高铁潜在太阳能发电可装机容量

安装方式		平单轴跟踪式			斜单轴跟踪式			双轴跟踪式		
并网电压等级/kV		10	110	330	10	110	330	10	110	330
可装机容量/10MW	10%	4.035	3.872	3.669	1.970	1.931	1.879	1.808	1.774	1.731
	20%	8.034	7.412	6.704	3.932	3.777	3.584	3.609	3.478	3.313
	30%	11.999	10.663	9.256	5.886	5.545	5.139	5.402	5.114	4.767

注：(1) 以北纬 40°数据为典型值进行测算，总面积 36.6hm^2；
(2) 10%、20%、30%为发电效率。

附表 2.23 青荣城际高铁潜在太阳能发电可装机容量

安装方式		平单轴跟踪式			斜单轴跟踪式			双轴跟踪式		
并网电压等级/kV		10	110	330	10	110	330	10	110	330
可装机容量/10MW	10%	2.641	2.526	2.384	1.382	1.350	1.308	1.268	1.241	1.206
	20%	5.256	4.820	4.329	2.757	2.632	2.479	2.530	2.425	2.294
	30%	7.847	6.912	5.945	4.126	3.852	3.532	3.787	3.555	3.281

注：(1) 以北纬 37.5°数据为典型值进行测算，总面积 85.024hm^2；
(2) 10%、20%、30%为发电效率。

附表 2.24 济青高铁潜在太阳能发电可装机容量

安装方式		平单轴跟踪式			斜单轴跟踪式			双轴跟踪式		
并网电压等级/kV		10	110	330	10	110	330	10	110	330
可装机容量/10MW	10%	1.576	1.502	1.411	0.901	0.876	0.845	0.827	0.806	0.779
	20%	3.137	2.856	2.544	1.797	1.701	1.585	1.649	1.568	1.469
	30%	4.681	4.081	3.474	2.687	2.478	2.241	2.467	2.290	2.085

注：(1) 以北纬 35°数据为典型值进行测算，总面积 46.632hm^2；
(2) 10%、20%、30%为发电效率。

附表 2.25　津保高铁潜在太阳能发电可装机容量

安装方式		平单轴跟踪式			斜单轴跟踪式			双轴跟踪式		
并网电压等级/kV		10	110	330	10	110	330	10	110	330
可装机容量/10MW	10%	1.999	1.918	1.818	0.976	0.956	0.931	0.896	0.879	0.857
	20%	3.980	3.672	3.321	1.948	1.871	1.776	1.788	1.723	1.641
	30%	5.944	5.282	4.585	2.916	2.747	2.546	2.676	2.533	2.361

注：(1) 以北纬 40°数据为典型值进行测算，总面积 69.432hm^2；
(2) 10%、20%、30%为发电效率。

附表 2.26　石太客运专线潜在太阳能发电可装机容量

安装方式		平单轴跟踪式			斜单轴跟踪式			双轴跟踪式		
并网电压等级/kV		10	110	330	10	110	330	10	110	330
可装机容量/10MW	10%	1.951	1.866	1.762	1.021	0.998	0.967	0.937	0.917	0.891
	20%	3.884	3.561	3.199	2.038	1.945	1.832	1.870	1.792	1.695
	30%	5.799	5.108	4.394	3.049	2.846	2.610	2.799	2.627	2.425

注：(1) 以北纬 37.5°数据为典型值进行测算，总面积 62.752hm^2；
(2) 10%、20%、30%为发电效率。

附表 2.27　郑焦城际高铁潜在太阳能发电可装机容量

安装方式		平单轴跟踪式			斜单轴跟踪式			双轴跟踪式		
并网电压等级/kV		10	110	330	10	110	330	10	110	330
可装机容量/10MW	10%	1.540	1.467	3.064	0.880	0.856	0.825	0.808	0.787	0.761
	20%	3.064	2.789	2.485	1.755	1.661	1.549	1.611	1.532	1.435
	30%	4.572	3.986	3.393	2.625	2.421	2.189	2.410	2.237	2.037

注：(1) 以北纬 35°数据为典型值进行测算，总面积 45.549hm^2；
(2) 10%、20%、30%为发电效率。

附表 2.28　宁安高铁潜在太阳能发电可装机容量

安装方式		平单轴跟踪式			斜单轴跟踪式			双轴跟踪式		
并网电压等级/kV		10	110	330	10	110	330	10	110	330
可装机容量/10MW	10%	2.581	2.445	2.281	1.679	1.621	1.547	1.541	1.491	1.429
	20%	5.133	4.621	4.068	3.346	3.120	2.858	3.071	2.880	2.655
	30%	7.655	6.570	5.505	5.000	4.513	3.984	4.591	4.177	3.720

注：(1) 以北纬 30°数据为典型值进行测算，总面积 67.848hm^2；
(2) 10%、20%、30%为发电效率。

附表 2.29 海南环岛高铁潜在太阳能发电可装机容量

安装方式		平单轴跟踪式			斜单轴跟踪式			双轴跟踪式		
并网电压等级/kV		10	110	330	10	110	330	10	110	330
可装机容量/10MW	10%	14.102	13.236	12.213	11.175	10.625	9.955	10.257	9.791	9.220
	20%	28.014	24.790	21.428	22.231	20.152	17.872	20.413	18.646	16.677
	30%	41.735	34.963	28.626	33.165	28.744	24.318	30.468	26.693	22.834

注：(1) 以北纬 20°数据为典型值进行测算，总面积 315.413hm^2；
(2) 10%、20%、30%为发电效率。

附表 2.30 杭深高铁潜在太阳能发电可装机容量

安装方式		平单轴跟踪式			斜单轴跟踪式			双轴跟踪式		
并网电压等级/kV		10	110	330	10	110	330	10	110	330
可装机容量/10MW	10%	17.719	16.701	15.487	12.833	12.291	11.62	11.778	11.319	10.748
	20%	35.214	31.408	27.373	25.548	23.484	21.152	23.457	21.705	19.698
	30%	52.486	44.462	36.782	38.147	33.721	29.113	35.037	31.267	27.266

注：(1) 以北纬 25°数据为典型值进行测算，总面积 425.453hm^2；
(2) 10%、20%、30%为发电效率。

附表 2.31 金温高铁潜在太阳能发电可装机容量

安装方式		平单轴跟踪式			斜单轴跟踪式			双轴跟踪式		
并网电压等级/kV		10	110	330	10	110	330	10	110	330
可装机容量/10MW	10%	0.973	0.922	0.860	0.633	0.611	0.583	0.581	0.562	0.538
	20%	1.934	1.741	1.533	1.261	1.176	1.077	1.157	1.085	1.001
	30%	2.885	2.476	2.075	1.884	1.701	1.501	1.730	1.574	1.402

注：(1) 以北纬 30°数据为典型值进行测算，总面积 25.568hm^2；
(2) 10%、20%、30%为发电效率。

附表 2.32 昌九城际线潜在太阳能发电可装机容量

安装方式		平单轴跟踪式			斜单轴跟踪式			双轴跟踪式		
并网电压等级/kV		10	110	330	10	110	330	10	110	330
可装机容量/10MW	10%	2.425	2.297	2.143	1.578	1.522	1.453	1.448	1.401	1.342
	20%	4.822	4.342	3.822	3.143	2.932	2.685	2.885	2.706	2.495
	30%	7.192	6.173	5.172	4.697	4.240	3.743	4.313	3.924	3.495

注：(1) 以北纬 30°数据为典型值进行测算，总面积 63.744hm^2；
(2) 10%、20%、30%为发电效率。

附表 2.33 向莆高铁潜在太阳能发电可装机容量

安装方式		平单轴跟踪式			斜单轴跟踪式			双轴跟踪式		
并网电压等级/kV		10	110	330	10	110	330	10	110	330
可装机容量/10MW	10%	4.453	4.208	3.914	3.045	2.928	2.783	2.794	2.696	2.572
	20%	8.852	7.934	6.951	6.064	5.619	5.107	5.567	5.189	4.750
	30%	13.198	11.257	9.374	9.058	8.099	7.077	8.319	7.503	6.618

注：(1)以北纬 27.5°数据为典型值进行测算，总面积 111.813hm^2；
(2)10%、20%、30%为发电效率。

附表 2.34 云桂高铁潜在太阳能发电可装机容量

安装方式		平单轴跟踪式			斜单轴跟踪式			双轴跟踪式		
并网电压等级/kV		10	110	330	10	110	330	10	110	330
可装机容量/10MW	10%	6.997	6.595	6.115	5.068	4.853	4.589	4.651	4.470	4.244
	20%	13.905	12.402	10.809	10.088	9.273	8.352	9.262	8.571	7.778
	30%	20.725	17.557	14.524	15.063	13.316	11.496	13.835	12.347	10.766

注：(1)以北纬 25°数据为典型值进行测算，总面积 168.000hm^2；
(2)10%、20%、30%为发电效率。

附表 2.35 南广高铁潜在太阳能发电可装机容量

安装方式		平单轴跟踪式			斜单轴跟踪式			双轴跟踪式		
并网电压等级/kV		10	110	330	10	110	330	10	110	330
可装机容量/10MW	10%	9.118	8.577	7.934	6.890	6.576	6.192	6.323	6.058	5.730
	20%	18.117	16.097	13.973	13.711	12.522	11.198	12.589	11.580	10.438
	30%	26.997	22.746	18.723	20.465	17.926	15.33	18.798	16.633	14.375

注：(1)以北纬 22.5°数据为典型值进行测算，总面积 194.107hm^2；
(2)10%、20%、30%为发电效率。

附表 2.36 赣瑞龙—龙厦高铁潜在太阳能发电可装机容量

安装方式		平单轴跟踪式			斜单轴跟踪式			双轴跟踪式		
并网电压等级/kV		10	110	330	10	110	330	10	110	330
可装机容量/10MW	10%	3.744	3.529	3.272	2.712	2.597	2.455	2.489	2.392	2.271
	20%	7.441	6.636	5.784	5.398	4.962	4.469	4.956	4.586	4.162
	30%	11.090	9.394	7.772	8.060	7.125	6.152	7.403	6.607	5.761

注：(1)以北纬 25°数据为典型值进行测算，总面积 89.896hm^2；
(2)10%、20%、30%为发电效率。

附表 2.37 宁启线潜在太阳能发电可装机容量

安装方式		平单轴跟踪式			斜单轴跟踪式			双轴跟踪式		
并网电压等级/kV		10	110	330	10	110	330	10	110	330
可装机容量/10MW	10%	6.507	6.183	5.790	3.945	3.823	3.669	3.620	3.517	3.386
	20%	12.943	11.722	10.384	7.863	7.395	6.839	7.217	6.821	6.345
	30%	19.309	16.711	14.118	11.755	10.739	9.606	10.793	9.930	8.953

注：(1) 以北纬 32.5°数据为典型值进行测算，总面积 181.760hm^2；
(2) 10%、20%、30%为发电效率。

附表 2.38 达成线潜在太阳能发电可装机容量

安装方式		平单轴跟踪式			斜单轴跟踪式			双轴跟踪式		
并网电压等级/kV		10	110	330	10	110	330	10	110	330
可装机容量/10MW	10%	5.430	5.144	4.798	3.532	3.409	3.253	3.241	3.137	3.005
	20%	10.797	9.721	8.557	7.037	6.564	6.012	6.460	6.059	5.585
	30%	16.103	13.82	11.581	10.516	9.492	8.380	9.657	8.786	7.825

注：(1) 以北纬 30°数据为典型值进行测算，总面积 142.717hm^2；
(2) 10%、20%、30%为发电效率。

附表 2.39 兰渝—南高高铁潜在太阳能发电可装机容量

安装方式		平单轴跟踪式			斜单轴跟踪式			双轴跟踪式		
并网电压等级/kV		10	110	330	10	110	330	10	110	330
可装机容量/10MW	10%	7.867	7.452	6.952	5.117	4.938	4.714	4.696	4.545	4.354
	20%	15.643	14.083	12.397	10.196	9.509	8.709	9.360	8.778	8.092
	30%	23.330	20.022	16.778	15.236	13.753	12.140	13.991	12.730	11.336

注：(1) 以北纬 30°数据为典型值进行测算，总面积 206.771hm^2；
(2) 10%、20%、30%为发电效率。

附表 2.40 成灌城际高铁潜在太阳能发电可装机容量

安装方式		平单轴跟踪式			斜单轴跟踪式			双轴跟踪式		
并网电压等级/kV		10	110	330	10	110	330	10	110	330
可装机容量/10MW	10%	0.743	0.704	0.656	0.483	0.466	0.445	0.443	0.429	0.411
	20%	1.477	1.330	1.170	0.962	0.898	0.822	0.884	0.829	0.764
	30%	2.202	1.890	1.584	1.438	1.298	1.146	1.321	1.202	1.070

注：(1) 以北纬 30°数据为典型值进行测算，总面积 19.520hm^2；
(2) 10%、20%、30%为发电效率。

附表 2.41　兰中城铁潜在太阳能发电可装机容量

安装方式		平单轴跟踪式			斜单轴跟踪式			双轴跟踪式		
并网电压等级/kV		10	110	330	10	110	330	10	110	330
可装机容量/10MW	10%	1.304	1.242	1.167	0.745	0.725	0.698	0.684	0.666	0.644
	20%	2.594	2.361	2.104	1.486	1.406	1.311	1.364	1.297	1.215
	30%	3.870	3.375	2.873	2.222	2.049	1.853	2.040	1.893	1.724

注：(1) 以北纬35°数据为典型值进行测算，总面积38.560hm^2；

(2) 10%、20%、30%为发电效率。

附表 2.42　集包—张呼高铁潜在太阳能发电可装机容量

安装方式		平单轴跟踪式			斜单轴跟踪式			双轴跟踪式		
并网电压等级/kV		10	110	330	10	110	330	10	110	330
可装机容量/10MW	10%	7.823	7.506	7.114	3.820	3.743	3.643	3.505	3.440	3.356
	20%	15.577	14.371	12.998	7.624	7.323	6.949	6.997	6.742	6.424
	30%	23.264	20.673	17.946	11.411	10.75	9.963	10.474	9.915	9.241

注：(1) 以北纬40°数据为典型值进行测算，总面积271.744hm^2；

(2) 10%、20%、30%为发电效率。

附表 2.43　京沪线潜在太阳能发电可装机容量

安装方式		平单轴跟踪式			斜单轴跟踪式			双轴跟踪式		
并网电压等级/kV		10	110	330	10	110	330	10	110	330
可装机容量/10MW	10%	25.994	24.768	23.271	14.858	14.450	13.927	13.635	13.290	12.846
	20%	51.719	47.085	41.953	29.630	28.048	26.143	27.196	25.857	24.230
	30%	77.181	67.298	57.282	44.312	40.867	36.946	40.683	37.758	34.387

注：(1) 以北纬35°数据为典型值进行测算，总面积768.952hm^2；

(2) 10%、20%、30%为发电效率。

附表 2.44　郑开—郑州机场城铁潜在太阳能发电可装机容量

安装方式		平单轴跟踪式			斜单轴跟踪式			双轴跟踪式		
并网电压等级/kV		10	110	330	10	110	330	10	110	330
可装机容量/10MW	10%	0.153	0.146	0.137	0.087	0.085	0.082	0.080	0.078	0.076
	20%	0.304	0.277	0.246	0.174	0.165	0.154	0.160	0.152	0.142
	30%	0.453	0.396	0.337	0.260	0.240	0.217	0.239	0.222	0.202

注：(1) 以北纬35°数据为典型值进行测算，总面积4.517hm^2；

(2) 10%、20%、30%为发电效率。

附表 2.45 武孝城际高铁潜在太阳能发电可装机容量

安装方式		平单轴跟踪式			斜单轴跟踪式			双轴跟踪式		
并网电压等级/kV		10	110	330	10	110	330	10	110	330
可装机容量/10MW	10%	0.224	0.212	0.198	0.146	0.141	0.134	0.134	0.129	0.124
	20%	0.445	0.401	0.353	0.290	0.271	0.248	0.266	0.250	0.230
	30%	0.664	0.570	0.478	0.434	0.392	0.346	0.398	0.362	0.323

注：(1) 以北纬 30°数据为典型值进行测算，总面积 5.885hm^2；
(2) 10%、20%、30%为发电效率。

附表 2.46 武咸城际高铁潜在太阳能发电可装机容量

安装方式		平单轴跟踪式			斜单轴跟踪式			双轴跟踪式		
并网电压等级/kV		10	110	330	10	110	330	10	110	330
可装机容量/10MW	10%	1.370	1.297	1.210	0.891	0.860	0.821	0.818	0.791	0.758
	20%	2.724	2.452	2.158	1.775	1.656	1.516	1.630	1.528	1.409
	30%	4.062	3.486	2.921	2.653	2.394	2.114	2.436	2.216	1.974

注：(1) 以北纬 30°数据为典型值进行测算，总面积 36.000hm^2；
(2) 10%、20%、30%为发电效率。

附表 2.47 武九—武冈潜在太阳能发电可装机容量

安装方式		平单轴跟踪式			斜单轴跟踪式			双轴跟踪式		
并网电压等级/kV		10	110	330	10	110	330	10	110	330
可装机容量/10MW	10%	2.448	2.318	2.163	1.592	1.536	1.466	1.461	1.414	1.354
	20%	4.866	4.381	3.857	3.172	2.958	2.709	2.912	2.731	2.517
	30%	7.258	6.229	5.220	4.740	4.278	3.777	4.353	3.960	3.527

注：(1) 以北纬 30°数据为典型值进行测算，总面积 64.325hm^2；
(2) 10%、20%、30%为发电效率。

附表 2.48 长株潭城际高铁潜在太阳能发电可装机容量

安装方式		平单轴跟踪式			斜单轴跟踪式			双轴跟踪式		
并网电压等级/kV		10	110	330	10	110	330	10	110	330
可装机容量/10MW	10%	0.459	0.434	0.403	0.314	0.302	0.287	0.288	0.278	0.265
	20%	0.912	0.817	0.716	0.625	0.579	0.526	0.574	0.535	0.489
	30%	1.360	1.160	0.966	0.933	0.834	0.729	0.857	0.773	0.682

注：(1) 以北纬 27.5°数据为典型值进行测算，总面积 11.536hm^2；
(2) 10%、20%、30%为发电效率。

附表 2.49　娄邵线潜在太阳能发电可装机容量

安装方式		平单轴跟踪式			斜单轴跟踪式			双轴跟踪式		
并网电压等级/kV		10	110	330	10	110	330	10	110	330
可装机容量/10MW	10%	1.775	1.678	1.561	1.214	1.167	1.109	1.114	1.075	1.025
	20%	3.529	3.163	2.771	2.417	2.240	2.036	2.219	2.069	1.893
	30%	5.261	4.488	3.737	3.611	3.229	2.821	3.316	2.991	2.638

注：(1) 以北纬 27.5°数据为典型值进行测算，总面积 44.640hm^2；

(2) 10%、20%、30%为发电效率。

附表 2.50　广深城际高铁潜在太阳能发电可装机容量

安装方式		平单轴跟踪式			斜单轴跟踪式			双轴跟踪式		
并网电压等级/kV		10	110	330	10	110	330	10	110	330
可装机容量/10MW	10%	1.116	1.049	0.971	0.843	0.805	0.758	0.774	0.741	0.701
	20%	2.217	1.970	1.710	1.678	1.532	1.370	1.541	1.417	1.277
	30%	3.304	2.783	2.291	2.504	2.193	1.876	2.300	2.035	1.759

注：(1) 以北纬 22.5°数据为典型值进行测算，总面积 25.872hm^2；

(2) 10%、20%、30%为发电效率。

附表 2.51　广珠—深湛高铁潜在太阳能发电可装机容量

安装方式		平单轴跟踪式			斜单轴跟踪式			双轴跟踪式		
并网电压等级/kV		10	110	330	10	110	330	10	110	330
可装机容量/10MW	10%	5.658	5.322	4.924	4.276	4.081	3.842	3.924	3.760	3.556
	20%	11.243	9.990	8.672	8.509	7.771	6.949	7.813	7.186	6.478
	30%	16.754	14.116	11.619	12.700	11.124	9.514	11.666	10.322	8.921

注：(1) 以北纬 22.5°数据为典型值进行测算，总面积 131.216hm^2；

(2) 10%、20%、30%为发电效率。

附表 2.52　广惠城际高铁潜在太阳能发电可装机容量

安装方式		平单轴跟踪式			斜单轴跟踪式			双轴跟踪式		
并网电压等级/kV		10	110	330	10	110	330	10	110	330
可装机容量/10MW	10%	1.546	1.454	1.345	1.168	1.115	1.050	1.072	1.027	0.971
	20%	3.071	2.729	2.369	2.324	2.123	1.898	2.134	1.963	1.769
	30%	4.576	3.856	3.174	3.469	3.038	2.598	3.186	2.820	2.437

注：(1) 以北纬 22.5°数据为典型值进行测算，总面积 35.840hm^2；

(2) 10%、20%、30%为发电效率。

附表 2.53　广肇城际高铁潜在太阳能发电可装机容量

安装方式		平单轴跟踪式			斜单轴跟踪式			双轴跟踪式		
并网电压等级/kV		10	110	330	10	110	330	10	110	330
可装机容量/10MW	10%	0.157	0.148	0.136	0.118	0.113	0.106	0.109	0.104	0.098
	20%	0.312	0.277	0.240	0.236	0.215	0.193	0.217	0.199	0.180
	30%	0.464	0.391	0.322	0.352	0.308	0.264	0.323	0.286	0.247

注：(1) 以北纬 22.5°数据为典型值进行测算，总面积 3.635hm²；
(2) 10%、20%、30%为发电效率。

附表 2.54　邕北—防钦线潜在太阳能发电可装机容量

安装方式		平单轴跟踪式			斜单轴跟踪式			双轴跟踪式		
并网电压等级/kV		10	110	330	10	110	330	10	110	330
可装机容量/10MW	10%	1.956	1.839	1.701	1.478	1.410	1.328	1.356	1.299	1.229
	20%	3.885	3.452	2.997	2.941	2.685	2.401	2.700	2.483	2.238
	30%	5.790	4.878	4.015	4.389	3.844	3.288	4.031	3.567	3.083

注：(1) 以北纬 22.5°数据为典型值进行测算，总面积 45.344hm²；
(2) 10%、20%、30%为发电效率。

附表 2.55　贵开城际高铁潜在太阳能发电可装机容量

安装方式		平单轴跟踪式			斜单轴跟踪式			双轴跟踪式		
并网电压等级/kV		10	110	330	10	110	330	10	110	330
可装机容量/10MW	10%	0.414	0.391	0.364	0.283	0.272	0.258	0.260	0.250	0.239
	20%	0.822	0.737	0.646	0.563	0.522	0.474	0.517	0.482	0.441
	30%	1.226	1.045	0.871	0.841	0.752	0.657	0.773	0.697	0.615

注：(1) 以北纬 30°数据为典型值进行测算，总面积 13.147hm²；
(2) 10%、20%、30%为发电效率。

附表 2.56　金山城际高铁潜在太阳能发电可装机容量

安装方式		平单轴跟踪式			斜单轴跟踪式			双轴跟踪式		
并网电压等级/kV		10	110	330	10	110	330	10	110	330
可装机容量/10MW	10%	0.500	0.474	0.442	0.325	0.314	0.300	0.299	0.289	0.277
	20%	0.995	0.896	0.788	0.648	0.605	0.554	0.595	0.558	0.514
	30%	1.483	1.273	1.067	0.969	0.874	0.772	0.890	0.809	0.721

注：(1) 以北纬 40°数据为典型值进行测算，总面积 18.456hm²；
(2) 10%、20%、30%为发电效率。

附表 2.57　昆玉线潜在太阳能发电可装机容量

安装方式		平单轴跟踪式			斜单轴跟踪式			双轴跟踪式		
并网电压等级/kV		10	110	330	10	110	330	10	110	330
可装机容量/10MW	10%	0.975	0.919	0.852	0.706	0.676	0.639	0.648	0.623	0.591
	20%	1.937	1.728	1.506	1.406	1.292	1.164	1.290	1.194	1.084
	30%	2.888	2.446	2.024	2.099	1.855	1.602	1.928	1.720	1.500

注：(1) 以北纬 25°数据为典型值进行测算，总面积 23.405hm^2；
(2) 10%、20%、30%为发电效率。

附表 2.58　成贵高铁潜在太阳能发电可装机容量

安装方式		平单轴跟踪式			斜单轴跟踪式			双轴跟踪式		
并网电压等级/kV		10	110	330	10	110	330	10	110	330
可装机容量/10MW	10%	4.307	4.070	3.786	2.945	2.832	2.691	2.702	2.607	2.488
	20%	8.561	7.673	6.722	5.865	5.434	4.939	5.384	5.019	4.594
	30%	12.765	10.887	9.066	8.761	7.833	6.845	8.046	7.256	6.400

注：(1) 以北纬 27.5°数据为典型值进行测算，总面积 108.301hm^2；
(2) 10%、20%、30%为发电效率。

附表 2.59　成昆广昆—楚大线潜在太阳能发电可装机容量

安装方式		平单轴跟踪式			斜单轴跟踪式			双轴跟踪式		
并网电压等级/kV		10	110	330	10	110	330	10	110	330
可装机容量/10MW	10%	3.690	3.478	3.225	2.673	2.560	2.420	2.453	2.357	2.238
	20%	7.334	6.541	5.701	5.321	4.891	4.405	4.885	4.520	4.102
	30%	10.931	9.260	7.660	7.945	7.023	6.063	7.297	6.512	5.678

注：(1) 以北纬 25°数据为典型值进行测算，总面积 88.552hm^2；
(2) 10%、20%、30%为发电效率。

附表 2.60　石济高铁潜在太阳能发电可装机容量

安装方式		平单轴跟踪式			斜单轴跟踪式			双轴跟踪式		
并网电压等级/kV		10	110	330	10	110	330	10	110	330
可装机容量/10MW	10%	1.518	1.452	1.370	0.794	0.776	0.752	0.729	0.713	0.693
	20%	3.021	2.770	2.488	1.585	1.513	1.425	1.454	1.394	1.318
	30%	4.510	3.972	3.417	2.371	2.214	2.030	2.177	2.043	1.886

注：(1) 以北纬 37.5°数据为典型值进行测算，总面积 48.803hm^2；
(2) 10%、20%、30%为发电效率。

附表 2.61　渝贵线潜在太阳能发电可装机容量

安装方式		平单轴跟踪式			斜单轴跟踪式			双轴跟踪式		
并网电压等级/kV		10	110	330	10	110	330	10	110	330
可装机容量/10MW	10%	2.568	2.426	2.257	1.756	1.688	1.605	1.611	1.554	1.483
	20%	5.104	4.575	4.008	3.497	3.240	2.945	3.210	2.992	2.739
	30%	7.610	6.491	5.405	5.223	4.670	4.081	4.797	4.326	3.816

注：(1) 以北纬 27.5°数据为典型值进行测算，总面积 54.568hm^2；

(2) 10%、20%、30%为发电效率。

附表 2.62　九景衢铁路潜在太阳能发电可装机容量

安装方式		平单轴跟踪式			斜单轴跟踪式			双轴跟踪式		
并网电压等级/kV		10	110	330	10	110	330	10	110	330
可装机容量/10MW	10%	4.587	4.345	4.053	2.984	2.879	2.748	2.738	2.650	2.538
	20%	9.120	8.211	7.228	5.944	5.544	5.078	5.457	5.118	4.718
	30%	13.601	11.673	9.782	8.883	8.018	7.078	8.157	7.422	6.609

注：(1) 以北纬 30°数据为典型值进行测算，总面积 120.549hm^2；

(2) 10%、20%、30%为发电效率。

附表 2.63　长白线潜在太阳能发电可装机容量

安装方式		平单轴跟踪式			斜单轴跟踪式			双轴跟踪式		
并网电压等级/kV		10	110	330	10	110	330	10	110	330
可装机容量/10MW	10%	2.650	2.565	2.456	1.137	1.121	1.100	1.137	1.121	1.100
	20%	5.282	4.953	4.564	2.124	2.068	1.997	1.949	1.902	1.842
	30%	7.896	7.181	6.392	3.181	3.058	2.906	2.920	2.816	2.686

注：(1) 以北纬 45°数据为典型值进行测算，总面积 116.115hm^2；

(2) 10%、20%、30%为发电效率。

附表 2.64　呼鄂线潜在太阳能发电可装机容量

安装方式		平单轴跟踪式			斜单轴跟踪式			双轴跟踪式		
并网电压等级/kV		10	110	330	10	110	330	10	110	330
可装机容量/10MW	10%	1.971	1.891	1.792	0.962	0.943	0.918	0.883	0.867	0.845
	20%	3.924	3.620	3.274	1.921	1.845	1.750	1.762	1.698	1.618
	30%	5.861	5.208	4.521	2.875	2.708	2.510	2.639	2.498	2.328

注：(1) 以北纬 40°数据为典型值进行测算，总面积 68.456hm^2；

(2) 10%、20%、30%为发电效率。

附表 2.65 汉丹线潜在太阳能发电可装机容量

安装方式		平单轴跟踪式			斜单轴跟踪式			双轴跟踪式		
并网电压等级/kV		10	110	330	10	110	330	10	110	330
可装机容量/10MW	10%	4.619	4.375	4.081	3.004	2.899	2.767	2.757	2.668	2.556
	20%	9.184	8.268	7.278	5.986	5.583	5.113	5.495	5.153	4.750
	30%	13.696	11.755	9.850	8.945	8.074	7.127	8.214	7.473	6.655

注：(1)以北纬30°数据为典型值进行测算，总面积121.389hm^2；

(2)10%、20%、30%为发电效率。

附表 2.66 石长线潜在太阳能发电可装机容量

安装方式		平单轴跟踪式			斜单轴跟踪式			双轴跟踪式		
并网电压等级/kV		10	110	330	10	110	330	10	110	330
可装机容量/10MW	10%	2.521	2.388	2.227	1.640	1.582	1.510	1.505	1.456	1.395
	20%	5.012	4.512	3.972	3.267	3.047	2.790	2.999	2.812	2.593
	30%	7.474	6.415	5.375	4.881	4.406	3.889	4.482	4.078	3.632

注：(1)以北纬30°数据为典型值进行测算，总面积66.245hm^2；

(2)10%、20%、30%为发电效率。

附表 2.67 哈佳线潜在太阳能发电可装机容量

安装方式		平单轴跟踪式			斜单轴跟踪式			双轴跟踪式		
并网电压等级/kV		10	110	330	10	110	330	10	110	330
可装机容量/10MW	10%	3.402	3.292	3.153	1.459	1.438	1.411	1.459	1.438	1.411
	20%	6.780	6.357	5.858	2.726	2.655	2.564	2.502	2.442	2.364
	30%	10.136	9.218	8.205	4.084	3.926	3.730	3.748	3.615	3.448

注：(1)以北纬45°数据为典型值进行测算，总面积149.053hm^2；

(2)10%、20%、30%为发电效率。

附表 2.68 我国高铁潜在太阳能发电可装机容量

安装方式		平单轴跟踪式			斜单轴跟踪式			双轴跟踪式		
并网电压等级/kV		10	110	330	10	110	330	10	110	330
可装机容量/10MW	10%	774	731	688	451	430	408	408	387	387
	20%	1548	1397	1247	882	839	774	817	774	731
	30%	2300	1999	1699	1312	1226	1096	1204	1118	1032

注：(1)以北纬35°数据为典型值进行测算：总面积22941hm^2；

(2)10%、20%、30%为发电效率。

参 考 文 献

[1] 国家统计局. 中国统计年鉴[EB/OL]. [2020-11-18] http://www.stats.gov.cn/tjsj/ndsj.

[2] 中共中央国务院. 交通强国建设纲要[EB/OL].（2019-09-19）[2020-10-16]. http://www.gov.cn/zhengce/2019-09/19/content_5431432.htm.

[3] 发展规划司. 能源技术革命创新行动计划（2016—2030 年）[EB/OL].（2017-06-17）[2020-10-16]. http://www.nea.gov.cn/2016-06/01/c_135404377.htm.

[4] 智研咨询. 2018 年中国电力工业运行情况及用电量结构分析[EB/OL].（2019-01-31）[2020-10-16]. http://www.chinapower.com.cn/informationzxbg/20190131/1265072.html.

[5] 新能源网. 2018 年全国新能源汽车保有量达 261 万辆 [R/OL].（2019-01-14）[2020-10-16]. http://www.china-nengyuan.com/news/134237.html.

[6] 第一电动网. 机动车保有量数据[R/OL].（2019-01-12）[2020-10-16]. https://www.d1ev.com/news/shuju/85841.

[7] 贾顺平, 毛保华, 刘爽, 等. 中国交通运输能源消耗水平测算与分析[J]. 交通运输系统工程与信息, 2010, 10(1): 22-27.

[8] 工业与信息化部装备工业司. 新能源汽车产业发展规划（2021—2035 年）（征求意见稿）公开征求意见[EB/OL].（2019-12-03）[2020-10-16]. http://www.miit-eidc.org.cn/art/2019/12/3/art_78_2508.html.

[9] 搜狐新闻. 中国即将成为全球汽车保有量第一[R/OL].（2019-07-05）[2020-10-16]. https://www.sohu.com/a/324885718_191175.

[10] 腾讯科技. 世界上首条太阳能电池板道路表现超预期[R/OL].（2015-07-10）[2020-10-16]. https://tech.qq.com/a/20150710/006847.htm.

[11] 搜狐新闻. 这对脑洞大开的美国老夫妇, 竟用太阳能电池板铺路, 让梦想照进现实[EB/OL].（2017-03-20）[2020-10-16]. http://www.sohu.com/a/131183196_463962.

[12] ZOL 新闻中心. 波兰建太阳能自行车道, 夜晚发出诡异蓝光[R/OL].（2016-10-08）[2020-10-16]. http://news.zol.com.cn/607/6075824.html.

[13] 前瞻产业研究院. 高速公路服务区建设持续升温“十三五”数量有望达到 3000 对[R/OL].（2018-03-13）[2020-10-16]. https://www.qianzhan.com/analyst/detail/220/180313-df325237.html.

[14] 搜狐新闻. 全国高速服务区充电站分布统计大全[EB/OL].（2018-03-12）[2020-10-16]. https://www.sohu.com/a/222182675_526228.

[15] 中国国家铁路集团有限公司. 中国铁路总公司 2018 年统计公报[EB/OL].（2019-04-10）[2020-10-16]. http://www.china-railway.com.cn/wnfw/sjfw/201904/t20190410_93077.html.

[16] 国家铁路局. 中长期铁路网规划[EB/OL].（2016-07-21）[2020-10-16]. http://www.nra.gov.cn/jgzf/flfg/gfxwj/zt/other/201607/t20160721_26055.shtml.

[17] 前瞻产业研究院. 2019 年铁路行业发展现状与发展趋势分析 铁路信息化、电气化是未来发展趋势[R/OL].（2019-9-10）[2020-10-16]. https://bg.qianzhan.com/report/detail/300/190910-e435dada.html.

[18] 中华人民共和国交通运输部. 国家高速公路网规划（2013 年—2030 年）[EB/OL].（2013-05-24）[2020-10-20]. http://xxgk.mot.gov.cn/2020/jigou/zhghs/202006/t20200630_3320026.html.

[19] 北京大学城市与环境学院. 北京大学城市与环境学院地理数据平台[DB/OL].（2020-10-16）[2020-10-16]. http://geodata.pku.edu.cn.

[20] 杜寅堂. 铁路等级的重新划分[J]. 铁道标准设计, 2005(12): 6-9.

[21] 国家铁路局.《中长期铁路网规划(2008 年调整)》[EB/OL].(2013-12-19)[2020-10-16]. http://www.nra.gov.cn/jgzf/ghfz/201312/t20131219_3840.shtml.

[22] 索比太阳能光伏网. 我国太阳能资源分布概述[R/OL].(2014-07-24)[2020-10-16]. http://guangfu.bjx.com.cn/news/20140724/530875.shtml.

[23] 朱瑞兆, 薛桁. 中国风能区划[J]. 太阳能学报, 1983(2): 9-18.

[24] 国家发展改革委. 国家发展改革委关于发挥价格杠杆作用促进光伏产业健康发展的通知[EB/OL].(2013-09-02)[2020-10-16]. http://www.china-nengyuan.com/news/51509.html.

[25] 国家发展改革委. 国家发展改革委关于完善风力发电上网电价政策的通知[EB/OL].(2009-07-20)[2020-10-16]. http://www.gov.cn/xinwen/2019-05/25/content_5394615.htm.

[26] 国家气象信息中心资料服务室. 中国气象辐射资料年册[M]. 北京: 中国气象报社, 2001.

[27] 火车票网. 车次 K210/K211 的详细信息[R/OL].(2020-10-16)[2020-10-16]. http://search.huochepiao.com/checi/K210/K211.

[28] 铁路客户服务中心. 客运营业站站点[R/OL].(2020-10-18)[2020-10-18]. https://www.12306.cn/mormhweb/kyyyz/chengdu/.

[29] 青海新闻网. 青藏铁路格拉段可可西里站开通运营[R/OL].(2017-07-04)[2018-07-18]. http://news.gaotie.cn/huochezhan/2017-07-04/406841.html.

[30] 中国青年网. 青藏铁路格拉扩能改造工程风火山车站顺利开通[R/OL].(2018-08-30)[2020-10-18]. http://news.cctv.com/2017/09/22/VIDEPM3riLXdDuk0zudaMKjy170922.shtml.

[31] 唐珂. 高速公路营运期能耗水平分析与测算方法研究[D]. 西安: 长安大学, 2013.

[32] 肖巧琳. 全球主要国家电动汽车充电运营模式分析, 第一情报[EB/OL].(2018-10-30)[2020-10-16]. http://www.istis.sh.cn/list/list.aspx?id=11619.

[33] 孙海荣, 于金朋, 苟国庆. 高速列车运行能耗分析[J]. 声学与振动, 2017, 5(4): 61-66.

[34] 程清波, 吕晓, 詹璇, 等. 基于系统集成的高铁站节能管理研究[J]. 管理观察, 2014(16): 117-118.

[35] 吕智. 温湿度独立调节空调系统在某高铁站中的应用分析[J]. 企业技术开发, 2017, 36(4): 41-43.

[36] 周波, 李宁乔. 高速列车与我国区域旅游经济[M]. 厦门: 厦门大学出版社, 2018.

[37] 国土资源部. 国土资源部关于发布《光伏发电站工程项目用地控制指标》的通知: 国土资规〔2015〕11 号[EB/OL].(2015-12-02)[2020-10-16]. http://f.mnr.gov.cn/201703/t20170329_1447083.html.

[38] 许娅娅, 雒应, 沈照庆. 测量学[M]. 4 版. 北京: 人民交通出版社, 2014.

[39] 国务院. 铁路安全管理条例: 国务院令第 639 号[EB/OL].(2013-09-06)[2020-10-16]. http://www.gov.cn/gongbao/content/2013/content_2489959.htm.

[40] 郑健, 王峰, 钱桂枫, 等. 高铁线路工程[M]. 上海: 上海科学技术文献出版社, 2019.

[41] 曹晓岩, 张家平. 土木工程测量[M]. 北京: 机械工业出版社, 2014.

[42] 国网能源研究院. 中国新能源发电分析报告(2019)[R/OL].(2019-06-26)[2020-10-16]. https://www.sohu.com/a/334851713_288495.

[43] International Energy Agency. The future of rail opportunities for energy and the environment[J/OL]. [2019-12-3]. http://www.uirr.com/en/component/downloads/downloads/1402.html.